RELATIVITÄTSTHEORIE UND ERKENNTNIS APRIORI

VON

HANS REICHENBACH

BERLIN
VERLAG VON JULIUS SPRINGER
1920

ISBN 978-3-642-50465-5 ISBN 978-3-642-50774-8 (eBook)
DOI 10.1007/978-3-642-50774-8

ALBERT EINSTEIN

GEWIDMET

Inhaltsübersicht.

I. Einleitung.

Die Einsteinsche Relativitätstheorie hat die philosophischen Grundlagen der Erkenntnis in schwere Erschütterung versetzt. Es hat gar keinen Zweck, das zu leugnen, so zu tun, als ob diese physikalische Theorie nur physikalische Auffassungen ändern konnte, und als ob die philosophischen Wahrheiten von ihr unberührt in alter Höhe thronten. Zwar stellt die Relativitätstheorie nur Behauptungen über physikalische Meßbarkeitsverhältnisse und physikalische Größenbeziehungen auf — aber es muß durchaus zugegeben werden, daß diese speziellen Behauptungen den allgemeinen philosophischen Grundbegriffen widerstreiten. Die philosophischen Axiome waren von jeher, und auch in ihrer kritischen Form, so gefaßt, daß sie zwar speziellen Ausdeutungen gegenüber invariant blieben, aber immer eine bestimmte Gruppe von physikalischen Aussagen definitiv ausschlossen; und gerade solche ausgeschlossenen Möglichkeiten hat die Relativitätstheorie hervorgesucht und zum Leitfaden ihrer physikalischen Annahmen gemacht.

Schon die spezielle Relativitätstheorie stellte schwere Anforderungen an die Toleranz eines kritischen Philosophen. Sie nahm der Zeit den Charakter eines nicht umkehrbaren Ablaufs und behauptete, daß es Geschehnisse gäbe, deren zeitliche Aufeinanderfolge mit gleichem Recht umgekehrt angenommen werden dürfte. Das ist zweifellos ein Widerspruch zu der vorher geltenden Anschauung, auch zu dem Zeitbegriff Kants. Man hat diese Schwierigkeit gelegentlich beseitigen wollen, indem man die „physikalische Zeit“ von der „phänomenologischen Zeit“ unterschied und sich darauf bezog, daß die Zeit als subjektives Erlebnis immer die irreversible Folge blieb. Aber in Kants Sinne ist diese Trennung sicherlich nicht. Denn für Kant ist es gerade das Wesentliche einer aprioren Erkenntnisform, daß sie eine Bedingung der Naturerkenntnis bildet, und nicht bloß eine subjektive Qualität unserer Empfindungen. Wenn er auch gelegentlich von der Art, wie die Dinge unsere Wahrnehmung „affizieren“, spricht, so meint er doch immer, daß diese subjektive Form gleichzeitig eine objektive Form für die Erkenntnis ist, weil die subjektive Komponente notwendig im Objektsbegriff enthalten ist; und er würde nicht zugegeben haben, daß man für das physikalische Geschehen mit einer anderen Zeitordnung arbeiten dürfte, als eben dieser in der Natur des erkennenden Subjekts angelegten Form. Darum war es nur folgerichtig, wenn bereits gegen die spezielle Relativitätstheorie Einwände aus philosophischen Kreisen erhoben wurden, sofern sie aus dem Begriffskreis der Kantischen Philosophie herrührten.

Durch die allgemeine Relativitätstheorie hat sich diese Lage aber noch vielfach verschärft. Denn in ihr wurde nichts Geringeres behauptet, als daß die euklidische Geometrie für die Physik nicht verwandt werden dürfte. Man mache sich den weitgehenden Inhalt dieser Behauptung einmal ganz klar. Zwar waren schon seit fast einem Jahrhundert Zweifel an der aprioren Stellung der euklidischen Geometrie aufgetaucht. Die Aufstellung nichteuklidischer Geometrieen hatte die Möglichkeit begrifflicher Konstruktionen gezeigt, die den bekannten anschaulich evidenten Axiomen Euklids widersprechen.

Riemann hatte eine allgemeine Mannigfaltigkeitslehre in analytischer Form begründet, in der der „ebene“ Raum als Spezialfall erscheint. Man konnte, nachdem die begriffliche Notwendigkeit der euklidischen Geometrie gefallen war, ihre Sonderstellung nur dadurch begründen, daß man sie als anschaulich evident von den anderen Mannigfaltigkeiten unterschied, und basierte auf diesen Vorzug allein — übrigens ganz im Sinne Kants — die Forderung, daß gerade diese Geometrie zur Beschreibung der Wirklichkeit, also für die Physik, verwandt werden müßte. So war der Widerspruch gegen die euklidische Geometrie auf einen Einwand gegen ihre rein begriffliche Begründung zurückgeführt. Gleichzeitig tauchte von der Seite der Empiristen erneuter Zweifel auf; man wollte aus der Möglichkeit anderer Geometrieen folgern, daß die Sätze der euklidischen Geometrie nur durch Erfahrung und Gewöhnung ihren für unsere Anschauung zwingenden Charakter erhalten hätten. Und drittens wurde von mathematischer Seite geltend gemacht, daß es sich in der Geometrie nur um konventionelle Festsetzungen, um ein leeres Schema handelte, das selbst keine Aussagen über die Wirklichkeit enthielte, sondern nur als ihre Form gewählt sei, und das mit gleichem Recht durch ein nichteuklidisches Schema ersetzt werden könnte [1]). Gegenüber diesen Einwänden stellt aber der Einspruch der allgemeinen Relativitätstheorie einen ganz neuen Gedanken dar. Diese Theorie stellt nämlich die ebenso einfache wie klare Behauptung auf, daß die Sätze der euklidischen Geometrie für die Wirklichkeit überhaupt falsch wären. Das ist in der Tat etwas wesentlich anderes als die genannten drei Standpunkte, denen allen gemeinsam ist, daß sie an der Geltung der euklidischen Axiome nicht zweifeln, und die nur in der Begründung dieser Geltung und ihrer erkenntnistheoretischen Deutung differieren. Man erkennt, daß damit auch die kritische Philosophie vor eine ganz neue Frage gestellt ist. Es ist gar kein Zweifel, daß Kants transzendentale Ästhetik von der unbedingten Geltung der euklidischen Axiome ausgeht; und wenn man auch darüber streiten kann, ob er in ihrer anschaulichen Evidenz den Beweisgrund seiner Theorie des aprioren Raums, oder umgekehrt in der Apriorität des Raumes den Beweisgrund ihrer Evidenz sieht, so bleibt es doch ganz sicher, daß mit der Ungültigkeit dieser Axiome seine Theorie unvereinbar ist.

Darum gibt es nur zwei Möglichkeiten: entweder ist die Relativitätstheorie falsch, oder die Kantische Philosophie bedarf in ihren Einstein widersprechenden Teilen einer Änderung[2]). Der Untersuchung dieser Frage ist die vorliegende Arbeit gewidmet. Die erste Möglichkeit erscheint nach den glänzenden Erfolgen der Relativitätstheorie, ihrer wiederholten Bestätigung durch die Erfahrung und ihrer Fruchtbarkeit für die theoretische Begriffsbildung von vornherein unwahrscheinlich. Aber es soll hier nicht eine physikalische Theorie bedingungslos übernommen werden, zumal, da die erkenntnistheoretische Deutung ihrer Aussagen noch so umstritten ist. Wir wählen deshalb folgendes Arbeitsverfahren. Es muß zunächst festgestellt werden, welches die Widersprüche sind, die zwischen der Relativitätstheorie und der kritischen Philosophie bestehen, und welches die Voraussetzungen und Erfahrungsresultate sind, die die Relativitätstheorie für ihre Behauptungen anführt[3]). Danach untersuchen wir, von einer Analyse des Erkenntnisbegriffs ausgehend, welche Voraussetzungen die Erkenntnistheorie Kants einschließt, und indem wir diese den Resultaten unserer Analyse der Relativitätstheorie gegenüberstellen, entscheiden wir, in welchem Sinne die Theorie Kants durch die Erfahrung widerlegt worden ist. Wir werden sodann eine solche Änderung des Begriffs „apriori“ durchführen, daß dieser Begriff mit der Relativitätstheorie nicht mehr in Widerspruch tritt, daß vielmehr die Relativitätstheorie durch die Gestaltung ihres Erkenntnisbegriffs als eine Bestätigung seiner Bedeutung angesehen werden muß. Die Methode dieser Untersuchung nennen wir die wissenschaftsanalytische Methode.

II. Die von der speziellen Relativitätstheorie behaupteten Widersprüche.

Wir werden in diesem und dem folgenden Abschnitt das Wort apriori im Sinne Kants gebrauchen, also dasjenige apriori nennen, was die Formen der Anschauung oder der Begriff der Erkenntnis als evident fordern. Wir tun dies nur in der Absicht, gerade auf diejenigen Widersprüche geführt zu werden, die zu aprioren Prinzipien eintreten, denn es treten natürlich auch Widersprüche der Relativitätstheorie zu vielen anderen Prinzipien der Physik auf. Irgendein Beweisgrund für die Geltung der Prinzipien soll aber mit der Kennzeichnung als apriori nicht vorweggenommen sein [4]).

In der speziellen Relativitätstheorie — wir dürfen diese Theorie auch heute noch als für homogene Gravitationsfelder gültig ansehen — behauptet Einstein, daß das Newton-Galileische Relativitätsprinzip der Mechanik mit dem Prinzip der Konstanz der Lichtgeschwindigkeit unvereinbar sei, wenn nicht neben der Transformation der räumlichen Koordinaten auch eine Zeittransformation vorgenommen wird, die dann zur Relativierung der Gleichzeitigkeit und zur teilweisen Umkehrbarkeit der Zeit führt. Dieser Widerspruch ist sicherlich richtig. Wir fragen: Auf welche Voraussetzungen stützen sich Einsteins Prinzipien?

Das Galileische Trägheitsprinzip ist gewiß ein Erfahrungssatz. Es ist gar nicht einzusehen, warum ein Körper, auf den keine Kraft wirkt, sich ständig bewegen soll; würden wir uns nicht so an diesen Gedanken gewöhnt haben, so würden wir wahrscheinlich zunächst das Gegenteil behaupten. Allerdings läßt Galilei auch den Ruhezustand als kräftefrei zu. Aber darin liegt seine weitgehende Behauptung, daß die gleichförmige Bewegung der Ruhe mechanisch völlig äquivalent sei. Durch physikalische Relationen ist definiert, was eine Kraft ist. Aber daß die Kraft nur bei Geschwindigkeitsänderungen auftritt, daß also die Phänomene, die wir als Kraftwirkung kennen, an das Auftreten einer Beschleunigung geknüpft sind, ist gewiß nicht evident im Sinne einer aprioren Einsicht. In dieser Auffassung ist also das Galileische Trägheitsprinzip zweifellos ein Erfahrungssatz.

Jedoch läßt sich diesem Prinzip eine andere Form geben. Es besagt dann, daß eine gewisse Gruppe von Koordinatensystemen, nämlich alle gegeneinander gleichförmig bewegten, für die Beschreibung des mechanischen Vorgangs äquivalent seien. Die Gesetze der Mechanik ändern ihre Form nicht, wenn man von einem dieser Systeme auf ein anderes transformiert. In dieser Form ist die Aussage aber viel allgemeiner als in der ersten Form. Das mechanische Gesetz kann seine Form auch dann behalten, wenn sich die Größen der Kräfte ändern; für die Erhaltung der Form wird nur verlangt, daß sich die Kräfte im neuen System ebenso aus den Koordinaten ableiten, wie im alten, daß also der Funktionalzusammenhang ungeändert bleibt. Diese Aussage ist aber viel prinzipieller als die Galileische. Das Trägheitsprinzip, die Gleichberechtigung gleichförmig bewegter Systeme, erscheint hier nur als besonderer Fall, es gibt nämlich diejenigen Koordinatentransformationen an, bei welchen die Erhaltung des

Funktionalzusammenhangs speziell durch die Erhaltung der Kraftgrößen herbeigeführt wird. Daß es solche Transformationen gibt, und welche dies sind, kann allerdings nur die Erfahrung lehren. Aber daß das physikalische Gesetz, und nicht nur die Kraft, invariant gegen Koordinatentransformationen sein soll, liegt viel tiefer begründet. Dieses Prinzip verlangt nämlich, in anderen Worten ausgedrückt, daß der Raum keine physikalischen Eigenschaften haben soll, daß das Gesetz bestimmt ist durch die Verteilung und die Natur der Dinge, und die Wahl des Bezugssystems keinen Einfluß auf den Vorgang haben kann. Für den Kantischen Standpunkt, auf dem Raum und Zeit nur Formen der Einordnung sind, und nicht Glieder der Wirklichkeit wie die Materie und die Kräfte, ist das eigentlich selbstverständlich. Es muß befremden, daß gegen die Galilei-Newtonschen Gesetze und auch gegen die spezielle Relativitätstheorie nicht von philosophischer Seite schon lange der Einwand erhoben wurde, daß die postulierte Invarianz noch keineswegs ausreicht. Denn gerade die gleichförmige Translation auszuzeichnen, liegt für den Philosophen kein Grund vor; wenn einmal der Raum als Ordnungsschema und nichts physikalisch Gegenständliches erkannt war, mußten auch alle beliebig bewegten Koordinatensysteme für die Beschreibung der Geschehnisse äquivalent sein. Mach scheint der einzige gewesen zu sein, der diesen Gedanken in aller Schärfe aussprach; aber er vermochte nicht, ihn in eine physikalische Theorie umzusetzen. Und niemand hat Einstein bei seiner Aufstellung der speziellen Relativitätstheorie entgegengehalten, daß sie noch nicht radikal genug sei. Erst Einstein selbst hat seiner Theorie diesen Einwand gemacht, und hat dann den Weg gezeigt, eine wirklich allgemeine Kovarianz durchzuführen. Die Kantische Philosophie mußte ihren Grundbegriffen entsprechend schon immer die Relativität der Koordinaten fordern; daß sie es nicht getan hat und die Konsequenzen nicht ahnte, die in dieser Forderung implizit enthalten waren, liegt darin begründet, daß erst die experimentelle Physik zur Aufdeckung einer zweiten grundsätzlichen Forderung führen mußte, die der spekulativen Betrachtung zu fern lag, um von ihr erkannt werden zu können.

Die Konstanz der Lichtgeschwindigkeit ist die physikalische Form dieser zweiten Forderung. Durch empirische Beobachtung hatten die Physiker sie entdeckt; aber als Einstein sie in seiner berühmten ersten Abhandlung[5]) zur Grundlage seiner speziellen Relativitätstheorie machte, konnte er ihre Bedeutung schon in viel tieferem Zusammenhange zeigen.

Einstein ging davon aus, daß man, um in einem gewählten Koordinatensystem an jedem Punkt die synchrone Zeit zu definieren, einen mit bestimmter Geschwindigkeit sich ausbreitenden physikalischen Vorgang braucht, der Uhren an verschiedenen Punkten zu vergleichen gestattet. Über den Bewegungszustand dieses Vorgangs gegen das Koordinatensystem muß man dann eine Hypothese machen; von dieser Hypothese hängt die Zeit des Koordinatensystems und die Gleichzeitigkeit an getrennten Punkten ab. Darum ist es unmöglich, diesen Bewegungszustand zu bestimmen; denn für die Bestimmung müßte eine Zeitdefinition vorausgesetzt sein. Alle Experimente darüber würden nur lehren, welche Zeitdefinition man angewandt hat, oder sie würden zu Widersprüchen mit den Konsequenzen der Hypothese führen, also eine negative Auswahl treffen. In jeder „Koordinatenzeit“ ist daher eine gewisse Willkür enthalten. Man reduziert diese Willkür auf ein Minimum, wenn man die Ausbreitungsgeschwindigkeit des Vorgangs als konstant, von der Richtung unabhängig und gleich für alle Koordinatensysteme ansetzt.

Es ist keineswegs gesagt, daß diese einfachste Annahme auch physikalisch zulässig ist. Sie führt z. B., wenn man an der zeitlichen Nichtumkehrbarkeit der kausalen Abläufe festhält (Prinzip der irreversiblen Kausalität), in ihren Konsequenzen dazu, daß es keine größere Geschwindigkeit als die ausgewählte gibt; und mindestens muß man deshalb unter allen bekannten Geschwindigkeiten die größte auswählen, wenn sie zur Zeitdefinition geeignet sein soll. Darum war die Lichtgeschwindigkeit geeignet, die Rolle dieser ausgezeichneten Geschwindigkeit zu übernehmen. Es mußte dann noch festgestellt werden, ob die durch diese Geschwindigkeit definierte Zeit zusammenfällt mit der bisher durch die mechanischen Gesetze der Himmelskörper definierten Zeit, d. h. ob nicht die in ihrer Einfachheit sicherlich tiefe Gesetze darstellenden Formeln der Mechanik auf die Existenz einer noch größeren unbekannten Geschwindigkeit hindeuteten. Als Entscheidung darüber konnte der Michelsonsche Versuch betrachtet werden, der die Konstanz der Lichtgeschwindigkeit für alle Systeme bewiesen hatte. Trotzdem blieb es noch offen, ob nicht eines Tages Erfahrungen auftauchen würden, die eine so einfache Annahme als Grundlage der Zeitdefinition wie die Konstanz einer Geschwindigkeit unmöglich machten. Diese Erfahrungen sind in der Tat aufgetaucht, allerdings erst nachdem die theoretische Überlegung bereits die spezielle Relativitätstheorie wieder aufgegeben hatte: die bei der letzten Sonnenfinsternis beobachtete Lichtablenkung durch das Gravitationsfeld der Sonne ist ein Beweis dafür, daß die genannte einfachste Zeitdefinition allgemein nicht durchführbar ist. Die spezielle Relativitätstheorie wurde damit auf den Spezialfall eines homogenen Gravitationsfeldes zurückgeführt.

Man erkennt an diesen Überlegungen, was in der Zeitauffassung der speziellen Relativitätstheorie die empirische Grundlage ist. Aber über der Grundlage des Erfahrungsmaterials erhebt sich der tiefe Gedanke Einsteins: daß eine Zeitdefinition ohne eine physikalische Hypothese über bestimmte Ausbreitungsgeschwindigkeiten unmöglich ist. Auch die alte Definition einer absoluten Zeit erscheint nur als Spezialfall dieser Auffassung: sie enthält die Hypothese, daß es eine mit unendlich großer Geschwindigkeit sich ausbreitende Wirkung gibt.

Man beachte gerade diesen Zusammenhang. Es ist Einstein eingewandt worden, daß seine Überlegungen nur zeigen, wie der Physiker mit seinen beschränkten Hilfsmitteln niemals zu einer genauen „absoluten" Zeit kommen kann; an der Idee einer solchen Zeit und ihrer fortschreitend approximativen Messung müßte festgehalten werden. Dieser Einwand ist falsch. Die „absolute" Zeit fordert einen Vorgang, der sich mit unendlicher Geschwindigkeit ausbreitet; ein solcher Vorgang würde aber unseren Vorstellungen über die kausale Wirkungsübertragung durchaus widersprechen. Es ist eine schon von vielen Philosophen erhobene Forderung, daß Fernkräfte nicht angenommen werden dürfen; aber diese bedeuten nichts anderes als die unendlich rasche Wirkung zwischen zwei entfernten Punkten. Schreibt man der Kraftübertragung eine mit der Entfernung wachsende endliche Dauer zu, so kann man sie sich immer als von Punkt zu Punkt wandernd, also als Nahewirkung, vorstellen; ob man dabei von einem Äthermedium spricht, ist dann mehr eine Sache des sprachlichen Ausdrucks. Man kann das Prinzip der Nahewirkung genau so gut ein apriores Prinzip nennen, wie etwa Kant die Unzerstörbarkeit der Substanz apriorisch genannt hat. Die genaue Bestimmung der absoluten Zeit wird also durch ein apriores Prinzip auf jeden Fall ausgeschlossen. Es hätte höchstens Sinn, eine stetige Annäherung an die absolute Zeit als möglich festzuhalten. Dann darf es aber für die physikalisch möglichen Geschwindigkeiten eine obere Grenze nicht geben. Darüber läßt sich nun apriori nichts aussagen, sondern das ist eine rein physikalische Frage. Wenn etwa — und gerade das haben alle experimentellen Untersuchungen zur Relativitätstheorie gelehrt — schon für die Erzeugung einer bestimmten endlichen Geschwindigkeit die Energie unendlich werden sollte, so ist die Herstellung beliebiger Geschwindigkeiten sicherlich physikalisch unmöglich. Zwar geht das aus den alten Formeln nicht hervor, aber diese Formeln sind empirisch gewonnen, und mit vollem Recht konnte die Relativitätstheorie sie durch andere ersetzen, in denen z. B. die kinetische Energie eines Massenpunktes mit Annäherung an die Lichtgeschwindigkeit unendlich wird. Ebensogut, wie es etwa physikalisch unmöglich ist, die Energie eines abgeschlossenen Systems zu vermehren, oder durch fortschreitende Abkühlung eine gewisse untere Grenze der Temperatur zu unterschreiten *), kann auch die beliebige Steigerung der Geschwindigkeit physikalisch unmöglich sein. Denkbar ist natürlich das eine wie das

*) Man wende nicht ein, daß eine untere Grenze für die Temperatur anschaulich notwendig sei, weil die Bewegung der Moleküle einmal aufhören müßte. Woher weiß ich denn, daß dieser Nullpunkt der kinetischen Energie bereits bei einer endlichen negativen Temperatur erreicht wird, und nicht erst bei negativ unendlicher Temperatur? Allein aus der Erfahrung. Ebenso ist die Erfahrung möglich, daß die unendlich große kinetische Energie bereits bei einer endlichen Geschwindigkeit erreicht wird.

andere, aber es handelt sich hier gerade um das physikalisch Erreichbare. Wenn ein physikalisches Gesetz existiert, das den Geschwindigkeiten eine obere Grenze vorschreibt, dann ist auch eine Annäherung an die „absolute" Zeit unmöglich, nicht bloß die Erreichung des Idealzustands. Dann hat es aber keinen Sinn mehr, von einer „idealen Zeit" auszugehen, denn nur solche Idealmaßstäbe dürfen wir aufstellen, die wenigstens durch fortschreitende Approximation erreichbar sind und dadurch ihren Sinn für die Wirklichkeit erhalten [6]).

Wir fassen unsere Überlegungen zusammen. Das Prinzip der Relativität aller Koordinatensysteme, auch nur angewandt auf eine bestimmte Klasse von Koordinaten (nämlich auf gegeneinander gleichförmig bewegte Systeme), und das Prinzip der Nahewirkung lassen die absolute Zeit nur dann zu, wenn eine obere Grenze für die physikalisch erreichbaren Geschwindigkeiten nicht existiert. Beide Prinzipien dürfen wir, in dem bisherigen Sinne des Wortes, mit gutem Recht als apriori bezeichnen. Dic Frage der oberen Grenze für die physikalisch erreichbaren Geschwindigkeiten ist aber eine empirische Angelegenheit der Physik. Darum wird auch die Zeitdefinition von empirischen Gründen mitbestimmt, sofern man an dem Prinzip festhält, daß nur der durch Empirie approximierbare Maßstab als Norm aufgestellt werden darf (Prinzip des approximierbaren Ideals). Den verbindenden Gedanken vollzieht dabei Einsteins Entdeckung, daß die Zeit eines Koordinatensystems nur unter Zugrundelegung eines physikalischen Ausbreitungsvorgangs definiert werden kann.

Nennt man die Forderung der absoluten Zeit ebenfalls ein apriores Prinzip, so wird hiermit der Widerstreit mehrerer apriorer Prinzipien behauptet, genauer die Unvereinbarkeit ihrer gemeinsamen Geltung mit der Erfahrung. Denn die Annahme einer absoluten Zeit impliziert immer, in welcher Form sie auch definiert wird, die Möglichkeit beliebig großer, physikalisch herstellbarer Geschwindigkeiten. Allerdings wird sich der experimentelle Beweis für die Unüberschreitbarkeit der Lichtgeschwindigkeit niemals exakt führen lassen. Aus gewissen Beobachtungen an kleineren Geschwindigkeiten müssen wir schließen, daß die Lichtgeschwindigkeit die obere Grenze ist, z. B. beobachten wir an Elektronen, daß mit Annäherung an die Lichtgeschwindigkeit die kinetische Energie ins Unendliche wächst. Für die Lichtgeschwindigkeit selbst können wir die Beobachtung nicht ausführen; es handelt sich also stets um eine Extrapolation. Auch der Michelsonsche Versuch ist ein Beweis nur, wenn man besonders ausgeklügelte Theorien zur Rettung des alten Additionstheorems der Geschwindigkeiten zurückweist. Die Extrapolation hat deshalb immer nur eine gewisse Wahrscheinlichkeit für sich. Wir wollen den Grundsatz, daß man für ein Erfahrungsmaterial die wahrscheinlichste Extrapolation verwendet, das Prinzip der normalen Induktion nennen. Allerdings verbirgt sich hinter dem Begriff „wahrscheinlichste Extrapolation" noch eine Unbestimmtheit. Man kann sich auf den Standpunkt stellen, daß solche Extrapolationen, die zum Widerspruch gegen gewisse allgemeine Voraussetzungen führen, unmöglich sind, also bei der Auswahl der wahrscheinlichsten überhaupt ausgeschieden werden müssen. Es gibt aber Grenzfälle, in denen ein solches Verfahren der Forderung der Evidenz widerspricht. Denken wir uns z. B. die Werte der kinetischen Energie des Elektrons für Geschwindigkeiten von 0—99% der Lichtgeschwindigkeit experimentell bestimmt und graphisch aufgetragen, so daß sie eine Kurve ergeben, die sich bei 100% offensichtlich einer Asymptote anschmiegt. Dann wird wohl niemand behaupten, daß die Kurve zwischen 99% und 100% noch einen Knick macht, so daß sie erst für unendlich große Geschwindigkeiten ins Unendliche geht. In der Tat basiert die Konstanz der Lichtgeschwindigkeit nach den bisherigen Erfahrungsdaten, den Michelsonschen Versuch eingerechnet, nicht auf einer geringeren Wahrscheinlichkeit als der des geschilderten Beispiels. Wir begnügen uns hier mit einer bloßen Veranschaulichung des Prinzips der normalen Induktion, um seinen aprioren Charakter im Sinne des Evidenzkriteriums aufzuzeigen; und wir werden erst im Abschnitt VI auf die erkenntnistheoretische Stellung dieses Prinzips näher eingehen.

Wir behaupten also, nach der speziellen Relativitätstheorie, daß die Prinzipien:

Prinzip der Relativität gleichförmig bewegter Koordinaten
Prinzip der irreversiblen Kausalität
Prinzip der Nahewirkung
Prinzip des approximierbaren Ideals
Prinzip der normalen Induktion
Prinzip der absoluten Zeit

mit den experimentellen Beobachtungen gemeinsam unvereinbar sind. Man kann alle diese Prinzipien mit gleichem Recht apriore Prinzipien nennen. Zwar sind sie nicht alle von Kant selbst als apriori genannt. Aber sie besitzen alle das Kriterium der Evidenz in hohem Maße, und sie stellen grundsätzliche Voraussetzungen dar, die von der Physik bisher immer gemacht wurden. Wir erwähnen diese ihre Eigenschaft nur deshalb, weil damit der behauptete Widerspruch von einem physikalischen zu einem philosophischen Problem wird. Sollte aber unsere Auffassung Widerspruch finden und die Evidenz für einige dieser Prinzipien, z. B. das der Nahewirkung, bestritten werden, so wird das den Beweisgang unserer Untersuchungen nicht stören. Man mag diese einzelnen Prinzipien dann als Erfahrungssätze betrachten; dann ist das Prinzip der normalen Induktion, das wir in der Zusammenstellung besonders aufführten, in ihnen nochmals implizit enthalten.

Bemerkt sei noch, daß in den Annahmen der speziellen Relativitätstheorie ein Widerspruch zum Kausalprinzip nicht enthalten ist. Im Gegenteil gewinnt hier die Kausalität eine Auszeichnung: solche Zeitfolgen, die als kausale Folgen anzusehen sind, sind nicht umkehrbar. Man kann sagen, daß die Kausalität objektive Folgen in das Zeitschema hineinträgt, während dieses selbst keinen absoluten Charakter hat.

Minkowski hat den Einsteinschen Gedanken eine Formulierung gegeben, die es erlaubt, sie in viel übersichtlicherer Form auszudrücken. Er definiert eine x_4-Koordinate durch $x_4 = ict$ und leitet die Lorentztransformation aus der Forderung ab, daß das Linienelement der 4-dimensionalen Mannigfaltigkeit

$$ds^2 = \sum_1^4 dx_\nu^2$$

invariant sein soll, daß also die Transformationen diesen einfachen Ausdruck für das Linienelement nicht zerstören sollen. In dieser Behauptung ist dann sowohl das Prinzip der Relativität aller gleichförmig bewegten Systeme als auch das Prinzip der Konstanz der Lichtgeschwindigkeit enthalten. Man kann daher beide Forderungen zusammenfassen in die eine der Relativität aller orthogonalen

Transformationen in der Minkowski-Welt. Die Konstanz der Lichtgeschwindigkeit kommt dann gleichsam von selbst hinein. Diese Geschwindigkeit ist der Maßeinheitsfaktor, mit dem man die in Sekunden gemessene Zeit multiplizieren muß, damit sie den in Zentimetern gemessenen räumlichen Achsen äquivalent wird und mit ihnen zu einem symmetrischen Vierfachsystem zusammengefaßt werden kann. Es würde der vierdimensionalen Relativität widersprechen, wenn dieser Faktor für die einzelnen Systeme verschieden wäre.

Man muß jedoch beachten, daß das Minkowskische Prinzip nichts anderes ist als eine elegante und fruchtbare Formulierung der Einsteinschen Gedanken. An deren physikalisch-philosophischem Inhalt ändert sie nichts. Sie fordert nicht etwa eine Abänderung unserer Raumanschauung, denn die Einführung der vierten Koordinate ist lediglich eine formale Angelegenheit. Und sie behauptet auch nicht, wie es gelegentlich hingestellt wird, eine Vertauschbarkeit von Raum und Zeit. Im Gegenteil sind raumartige und zeitartige Vektoren in der Minkowski-Welt grundsätzlich unterschieden und lassen sich durch keine physikalisch mögliche Transformation ineinander überführen.

Es muß noch untersucht werden, wieweit die allgemeine Relativitätstheorie die Annahmen der speziellen geändert hat, und ob sich unsere bisherigen Formulierungen auch noch aufrecht halten lassen, wenn man die Entdeckungen der allgemeinen Theorie als bekannt voraussetzt. Denn gerade das Prinzip der Konstanz der Lichtgeschwindigkeit, das in unseren Überlegungen eine so wichtige Rolle spielte, ist von der neuen Theorie aufgegeben worden.

Nach Einsteins zweiter Theorie gilt die spezielle Relativität nur für den Spezialfall eines homogenen

Gravitationsfeldes, und für alle anderen Felder, z. B. die Zentralfelder unseres Planetensystems, läßt sich eine so einfache Annahme wie die Konstanz der Lichtgeschwindigkeit nicht mehr durchführen. Damit ist die spezielle Theorie auf sehr beschränkte Gebiete zurückgedrängt worden, denn Felder, in denen die Feldstärke überall gleich und gleichgerichtet ist, sind mit einiger Näherung nur in kleinen Dimensionen verwirklicht und werden die Sehweite des menschlichen Auges kaum überschreiten. Will man in einem ausgedehnteren Koordinatensystem, in dem sich zentrale Gravitationsfelder bemerkbar machen, die Gleichzeitigkeit zweier Vorgänge definieren, so muß man für die Ausbreitung des Lichtes eine kompliziertere Annahme machen, nach der der Strahl eine krumme Bahn zurücklegt, die in den einzelnen Teilstrecken mit verschiedener Geschwindigkeit durchlaufen wird. Auch hier wird die Gleichzeitigkeit von der Koordinatenwahl abhängen und nur relative Bedeutung haben; dieser Widerspruch zur alten Auffassung bleibt also bestehen. Aber wenn man einmal für das Licht selbst größere Geschwindigkeiten als $c = 3 \cdot 10^{10}$ cm p. sec. zuläßt, so entsteht die Frage, ob damit nicht die Bedeutung dieser Geschwindigkeit als einer oberen Grenze aufgegeben ist.

Das ist jedoch keineswegs der Fall. Auch im Gravitationsfeld ist die Lichtgeschwindigkeit die obere Grenze, wenn auch ihr Zahlwert anders ist. Physikalische Vorgänge mit Überlichtgeschwindigkeit gibt es auch hier nicht. Für jedes Volumelement des Raumes hat c einen bestimmten Zahlwert, der von keinem physikalischen Vorgang überschritten werden kann. Dieser Zahlwert hat alle Eigenschaften der früher benutzten Konstanten $c = 3 \cdot 10^{10}$, wenn man für das Volumelement das Inertialsystem aufsucht. Wenn also auch die obere Grenze aller

Geschwindigkeiten ihren Zahlwert von Ort zu Ort ändert, so behält sie doch immer ihre Eigenschaft als einer oberen Grenze. Für jedes Volumelement — und nur für ein solches läßt sich überhaupt noch eine Zeitdefinition nach dem Muster der speziellen Relativitätstheorie durchführen — gilt also unsere vorher angewandte Betrachtung und der behauptete Widerspruch apriorer Prinzipien.

Trotzdem läßt sich noch ein Einwand machen. Wesentlich für unsere Überlegungen war, daß man auch nicht von einer allmählichen Annäherung an eine absolute Zeit sprechen kann, daß man diesen Begriff auch nicht im Sinne eines zwar unerfüllten, aber doch stetig approximierbaren Ideals gelten lassen kann. Ist es nun, vom Standpunkt der allgemeinen Theorie, nicht wenigstens möglich, dem Volumelement eine beliebig große Zahl $c > 3 \cdot 10^{10}$ zuzuordnen, so daß die Annäherung an die absolute Zeit beliebig genau wird?

Nein, das ist nicht möglich. Denn die Zahl c für das gewählte Volumelement ist abhängig von der Massenverteilung im Universum, und sie würde ihren Wert erst vergrößern, wenn die gesamte Massenerfüllung des Kosmos dichter würde. Wir wollen uns jedoch nicht darauf berufen, daß eine solche Änderung außerhalb unserer experimentellen Möglichkeiten läge. Das Wesentliche ist vielmehr, daß bei dieser Änderung auch der Zustand des Volumelements geändert würde, daß alle dort aufgestellten Uhren und Maßstäbe eine nichteuklidische Deformation erfahren würden, und daß deshalb die frühere Zeitmessung nicht mit der späteren verglichen werden kann. Es hätte keinen Sinn, selbst wenn wir eine solche Änderung der Massenverteilung herbeiführen könnten, die Zeitmessung mit der größeren Konstanten c als eine Genauigkeitssteigerung gegen die vorhergehende zu betrachten. Daß die Kon-

2*

stante c einen größeren Wert hat, bedeutet immer nur eine Beziehung auf die Einheitsuhr; aber wenn diese selbst durch die Änderung beeinflußt ist, hat der Vergleich mit dem früheren Zustand seinen Sinn verloren. Zweckmäßig erschiene es allein, den Wert von c festzuhalten, etwa (wie es vielfach geschieht) $c = 1$ zu setzen für alle Inertialsysteme, und die Änderung der Uhren umgekehrt daran zu messen.

Wir bemerken den Unterschied dieser Zusammenhänge gegenüber anderen physikalischen Betrachtungen. Wenn man in irgend einer physikalischen Anordnung die Genauigkeit steigert, so ist dies immer möglich, ohne die Anordnung selbst prinzipiell zu ändern, indem nur einzelne Teile eine Änderung erfahren. Benutzt man etwa eine fliegende Flintenkugel zur Signalübertragung, so läßt sich zum Zweck der Genauigkeitserhöhung ihre Geschwindigkeit steigern, indem man die Pulverladung vergrößert; diese Änderung hat keinen Einfluß auf den Zustand des Raumes. Die Größe c ist aber nicht eine Funktion bestimmter Einzelvorgänge, sondern der Ausdruck eines universalen Zustands, und alle Meßmethoden sind nur innerhalb dieses Zustands vergleichbar. Die Eigentümlichkeit, daß innerhalb jedes Universalzustands eine obere Grenze c für jedes Volumelement existiert, bleibt aber erhalten, und darum gilt der oben behauptete Widerspruch der Prinzipien unverändert weiter, auch wenn man die spezielle Relativitätstheorie als Spezialfall in die allgemeine einordnet.

Wir geben diese zusätzlichen Erörterungen nur, um zu zeigen, daß die allgemeine Theorie den erkenntnislogischen Grundsatz der speziellen nicht aufgegeben hat. Die Geltung der allgemeinen Theorie aber ist ein besonderes Problem und soll im folgenden Abschnitt analysiert werden.

III. Die von der allgemeinen Relativitätstheorie behaupteten Widersprüche.

Wir gehen jetzt zur allgemeinen Relativitätstheorie über. Sie behauptet, daß ein euklidischer Raum für die physikalische Wirklichkeit nicht angenommen werden darf. Wir fragen: welches sind die Prinzipien und Erfahrungen, auf die sich die Theorie zur Begründung beruft? Warum nennt sie die Annahme eines euklidischen Raumes falsch?

Einstein sagt in seiner grundlegenden Schrift: „Es kommt mir in dieser Abhandlung nicht darauf an, die allgemeine Relativitätstheorie als ein möglichst einfaches logisches System mit einem Minimum von Axiomen darzustellen. Sondern es ist mein Hauptziel, diese Theorie so zu entwickeln, daß der Leser die psychologische Natürlichkeit des eingeschlagenen Weges empfindet und daß die zugrunde gelegten Voraussetzungen durch die Erfahrung möglichst gesichert erscheinen [7]."

Diese Art der Begründung ist für den Physiker berechtigt, denn ihm kommt es nicht auf die starre Aufrechterhaltung philosophischer Prinzipien an, sondern auf eine möglichst enge Anschmiegung seiner Gedankenbilder an die Wirklichkeit. Der Philosoph aber muß Rechenschaft fordern für eine Abweichung von so fundamentalen Prinzipien, wie sie die euklidische Geometrie enthält. Indem wir die Begründung der Theorie daraufhin ordnen, werden wir finden, daß Einsteins Darstellung in Wahrheit eine viel tiefere Begründung gibt, als er selbst in den begleitenden Worten beansprucht.

Wir hatten schon in den Ausführungen zur speziellen Relativitätstheorie betont, daß die allgemeine Relativität aller Koordinatensysteme vom Standpunkt der kritischen Philosophie nur selbstverständlich ist, und brauchen daher auf diese Forderung nicht mehr einzugehen. Wir fragen aber: Warum führt sie zur Aufgabe des euklidischen Raumes?

Wir denken uns ein homogenes Gravitationsfeld von großer Ausdehnung und darin ein Inertialsystem angenommen. In diesem Koordinatensystem ist dann das Gravitationsfeld überall gleich Null. Wir wissen, daß dann das vierdimensionale Linienelement

$$ds^2 = \sum_1^4 dx_\nu^2$$

sich als Summe von Quadraten der Koordinatendifferentiale ausdrückt. Führen wir jetzt neue Koordinaten durch eine beliebige Substitution ein, etwa ein System, das sich gegen das Inertialsystem beschleunigt bewegt, so wird das Linienelement seine einfache Form nicht bewahren, sondern in einen gemischt quadratischen Ausdruck übergehen:

$$ds^2 = \sum_1^4 g_{\mu\nu}\, dx_\mu\, dx_\nu.$$

Dieser Ausdruck ist nach Gauß und Riemann charakteristisch für eine nichteuklidische Geometrie *).

---

*) Wir gebrauchen hier das Wort „euklidisch" für die vierdimensionale Mannigfaltigkeit im üblichen Sinne. Obgleich wir die folgenden Betrachtungen für die vierdimensionale Raum-Zeit-Mannigfaltigkeit anstellen werden, gelten sie ebenso für den durch diese definierten dreidimensionalen Raum, denn wenn die erstere eine Riemannsche Krümmung aufweist, ist auch der letztere notwendig gekrümmt, und wenn die erstere euklidisch ist, läßt sich auch der letztere immer euklidisch wählen. Vgl. für die Analogie dieser beiden Mannigfaltigkeiten Erwin Freundlich, Anmerkung 3, S. 29 ff.

Die darin auftretenden Koeffizienten $g_{\mu\nu}$ drücken sich durch die Beschleunigung des zweiten Koordinatensystems gegen das Inertialsystem aus, und da diese Beschleunigung unmittelbar das für das zweite System bestehende Schwerefeld charakterisiert, so dürfen wir sie als ein Maß für dieses Schwerefeld bezeichnen. Wir sehen also: der Übergang von einem schwerelosen Feld in ein Gravitationsfeld ist mit einem Übergang zu nichteuklidischen Koordinaten verknüpft, und die Metrik dieser Koordinaten ist ein Maß für das Gravitationsfeld. Von hier aus hat Einstein den Schluß gezogen, daß jedes Gravitationsfeld, nicht bloß das durch Transformation erzeugte, sich durch Abweichung von der euklidischen Gestalt des Raumes ausdrücken muß.

Es handelt sich also um eine Extrapolation. Eine solche ist aber immer auf verschiedenen Wegen möglich; wir müssen fragen, welche Prinzipien gerade zu der Einsteinschen Extrapolation geführt haben.

Betrachten wir das geschilderte Gravitationsfeld noch genauer. Daß wir durch die Forderung der allgemeinen Relativität auf nichteuklidische Koordinaten geführt werden, diese also als gleichberechtigt neben den euklidischen zulassen müssen, wird durch das Beispiel hinreichend bewiesen. Aber die dabei entstandene nichteuklidische Raum-Zeit-Mannigfaltigkeit hat noch eine besondere Eigentümlichkeit: es lassen sich in ihr Koordinaten so wählen, daß das Linienelement an jedem Punkt euklidisch wird. Damit ist aber für das nichteuklidische Koordinatensystem eine weitgehende Einschränkung gegeben, es folgt z. B. daß das Riemannsche Krümmungsmaß dieses Systems überall gleich Null wird. Ein solcher Raum ist nur scheinbar nichteuklidisch, in Wahrheit hat er keine andere Struktur als der euklidische Raum. Auch der dreidimensionale euklidische Raum läßt sich durch nichteuklidische Koordinaten ausdrücken. Man braucht dazu nur irgendwelche krummlinige schiefwinklige Koordinaten zu wählen, dann wird das Linienelement zu einem gemischt quadratischen Ausdruck. Bereits die gewöhnlichen Polarkoordinaten liefern für das Linienelement eine von der reinen Quadratsumme abweichende Form. Sieht man von ihrer anschaulichen Bedeutung ab und betrachtet sie als eine dreiachsige Mannigfaltigkeit, ähnlich den drei Achsen des Raumes, so stellen sie also einen nichteuklidischen Raum dar. Man kann die Darstellung des euklidischen Raumes durch Polarkoordinaten als eine Abbildung auf einen nichteuklidischen Raum auffassen. Das Krümmungsmaß aber bleibt dabei gleich Null.

Das gewählte Beispiel zeigt daher nur die Gleichberechtigung pseudo-nichteuklidischer Räume mit den euklidischen. Wenn also die Einsteinsche Theorie, indem sie von homogenen Gravitationsfeldern zu beliebigen inhomogenen Feldern übergeht, die Notwendigkeit echter nichteuklidischer Koordinaten behauptet, so geht sie damit wesentlich über den Gedanken des Beispiels hinaus. Sie behauptet damit, daß es für den allgemeinen Fall nicht möglich ist, den Koordinaten die euklidische Form zu geben. Wir stehen also vor einer sehr weitgehenden Extrapolation. Näher liegend erscheint eine solche Theorie, für die auch im allgemeinen Falle die Transformation auf euklidische Koordinaten möglich ist, in der also auch der massenerfüllte Raum das Krümmungsmaß Null behält.

Auch das von Einstein angeführte Beispiel der rotierenden Kreisscheibe [8]) kann eine so weitgehende Verallgemeinerung nicht als notwendig beweisen. Es ist allerdings richtig, daß ein auf der Scheibe befindlicher mitrotierender Beobachter für den Quotienten aus Umfang und Durchmesser der Scheibe eine größere Zahl als π

erhält, daß also für ihn und sein mitrotierendes Koordinatensystem die euklidische Geometrie nicht gilt. Aber der Beobachter würde sehr bald entdecken, daß die Meßresultate wesentlich einfacher würden, wenn er ein (von ihm aus gesehen) rotierendes System einführt — das nämlich der Scheibe entgegen mit gleicher Geschwindigkeit rotiert, so daß es in der umgebenden Ebene ruht — und daß er von diesem Bezugssystem aus alle Vorgänge in euklidischer Geometrie beschreiben kann. Auch eine synchrone Zeit kann er für dieses System definieren (was für die Scheibe selbst bekanntlich nicht möglich ist). Dieses Bezugssystem würde für ihn etwa die Rolle spielen, wie das von den Astronomen gesuchte Inertialsystem des Sonnensystems, das für die Newtonschen Gleichungen fingiert wird. Die Geometrie der rotierenden Kreisscheibe ist also ebenfalls pseudo-nichteuklidisch; ihr Krümmungsmaß ist gleich Null.

Wir fragen deshalb, ob nicht eine Gravitationstheorie mit weniger weitgehender Extrapolation möglich ist als die Einsteinsche. Wir wollen folgende Forderungen an sie stellen:

a) die Theorie soll für homogene Felder übergehen in die spezielle Relativitätstheorie;

b) die Theorie soll in jedem Fall die Möglichkeit einer euklidischen Koordinatenwahl zulassen.

In der Tat ist eine solche Theorie möglich; die beiden Forderungen stehen also in keinem Widerspruch. Z. B. könnte das nach Forderung b definierte Koordinatensystem dadurch entstehen, daß man in jedem Punkt des Feldes die Feldstärke mißt, den Mittelwert aller Feldstärken bildet und dasjenige System bestimmt, in dem dieser Mittelwert ein Minimum wird. Für konstante Feldstärke, also homogenes Feld, wäre dann das Mittel gleich der konstanten Feldstärke, also ein Minimum in demjenigen System, in dem die Feldstärke gleich Null ist; das wäre dann das Inertialsystem. So wäre der Anschluß der allgemeinen Theorie an den Spezialfall des homogenen Feldes und die spezielle Relativitätstheorie vollzogen. Natürlich müßte die angenommene Hypothese für das ausgezeichnete System noch mit der Erfahrung verglichen werden. Bemerkt sei übrigens, daß diese Auszeichnung eines Systems nicht etwa der Relativität der Koordinaten widerspricht. Daß der Raum sich in verschiedenen Systemen verschieden ausdrückt, ist selbstverständlich und keine physikalische Bevorzugung. Auch das homogene Gravitationsfeld kennt ja das ausgezeichnete euklidische System.

Jedoch ist die Voraussetzung a nicht die von Einstein gewählte. Zwar hält auch er an einem stetigen Übergang seiner Theorie in die spezielle fest. Die Voraussetzung a vollzieht diesen Übergang, indem sie bei festgehaltenem Raumgebiet die Feldstärken in den verschiedenen Punkten einander gleich werden läßt. Es gibt aber noch eine andere Form des Übergangs. Die Feldstärke muß als stetige Funktion des Raums angenommen werden; dann sind unendlich kleine Feldgebiete homogen. Wir können also den Übergang zum homogenen Feld auch in der Weise vollziehen, daß wir bei festgehaltener Feldstärke das Raumgebiet immer kleiner werden lassen. Diesen Übergang können wir in jedem Punkte des Feldes vornehmen, und wir wollen deshalb die folgende Einsteinsche Voraussetzung für die Extrapolation machen:

c) die Theorie soll in jedem Punkt des Feldes für unendlich kleine Gebiete übergehen in die spezielle Relativitätstheorie.

Wir fragen: Ist mit dieser Forderung c die Forderung b vereinbar?

Wir denken uns in einem inhomogenen Gravitationsfeld ein kleines Gebiet G_1 ausgesucht, das wir als hinreichend homogen betrachten dürfen. Dort können wir ein Inertialsystem K_1 wählen; in ihm verschwindet die Feldstärke. Das System nach Forderung b, das in jedem Punkte des Feldes euklidisch ist, muß also zu der Schar der gegen K_1 gleichförmig translatorisch bewegten Systeme gehören, denn sonst könnte es für G_1 nicht euklidisch sein. Dieselbe Überlegung wende ich nun auf ein zweites, entferntes Gebiet G_2 an, in dem die Feldstärke einen anderen Wert hat als in G_1. Die Inertialsysteme K_2 in G_2 müssen gegen K_1 eine beschleunigte Bewegung ausführen, gehören also nicht zur Schar der Inertialsysteme in G_1. Damit das System nach Forderung b in beiden Punkten euklidisch wird, müßte es sowohl zur Schar K_1 wie zur Schar K_2 gehören, das ist ein Widerspruch. Also ist Forderung c mit Forderung b nicht vereinbar.

Damit ist bewiesen, daß, wenn man aus der speziellen Relativitätstheorie nach der Einsteinschen Forderung c durch Extrapolation zu einer allgemeinen Relativitätstheorie übergeht, der euklidische Charakter des Raumes aufgegeben werden muß. Es ist danach in einem beliebigen Gravitationsfeld durch keine Koordinatenwahl möglich, dem Linienelement in allen Punkten zugleich die euklidische Form zu geben; das Krümmungsmaß des massenerfüllten Raumes ist von Null verschieden.

Die Forderung c beruht einerseits, wie wir bereits sagten, auf der Stetigkeit des Gravitationsfeldes. Da die Stetigkeit nicht bloß eine Eigenschaft der Gravitation ist, sondern allgemein für physikalische Größen vorausgesetzt wird, können wir von einem Prinzip der Stetigkeit physikalischer Größen sprechen. Andererseits beruht die Forderung c auf der Tatsache, daß der Raum für kleine Gebiete keine anderen Eigenschaften zeigt als für große, daß also der Raum homogen ist; denn nur unter dieser Voraussetzung dürfen wir fordern, daß für beliebig kleine Raumgebiete die spezielle Relativitätstheorie gilt, wenn nur die Feldstärke der Gravitation nahezu konstant wird. Würden wir die Homogenität des Raums nicht voraussetzen, so könnte der Fehler, der durch die Verkleinerung des Raumgebiets entsteht, den Einfluß der herabgesetzten Schwankung der Feldstärke in dem Gebiet gerade kompensieren, so daß doch keine Annäherung an die spezielle Relativitätstheorie zustande käme; dann dürften wir den Grenzübergang nur nach Forderung a vollziehen. Drittens beruht die Forderung c auf dem Einsteinschen Äquivalenzprinzip, denn sie besagt, daß jedes homogene Gravitationsfeld, das Schwerefeld ebenso wie das Trägheitsfeld, sich in ein kräftefreies Feld transformieren läßt. Hier liegt eine rein empirische Grundlage der Forderung c. Denn das Äquivalenzprinzip besagt weiter nichts als die Gleichheit von schwerer und träger Masse für jedes Gravitationsfeld, und diese Tatsache läßt sich nur durch das Experiment feststellen. Allerdings konnte das Experiment bisher nur im Erdfeld vorgenommen werden. Aber es ist eine normale Induktion, von diesem Versuche auf die allgemeine Äquivalenz zu schließen.

Man wird die Stetigkeit physikalischer Größen und die Homogenität des Raums evidente apriore Prinzipien im Kantischen Sinne nennen können. Dann dürfen wir, den Zusammenhang umkehrend, sagen, daß diese beiden aprioren Prinzipien einen Verzicht auf die Forderung c nur dann zulassen, wenn die träge und die schwere Masse im allgemeinen nicht gleich sind; das würde verlangen, daß man in der Deutung der bisherigen Beobachtungen auf diesem Gebiete von der normalen Induktion abweicht. Da nun die Forderung c zum Widerspruch gegen die Euklidizität des Raumes führt, so verlangt die Euklidizität umgekehrt, im Verein mit den anderen Prinzipien, den Verzicht auf die normale Induktion in der Äquivalenzfrage. Nennen wir noch die Forderung, daß die allgemeine Theorie für den speziellen Fall in die spezielle übergeht, die Stetigkeit der Gesetze, und verstehen wir unter dem Prinzip der speziellen Relativität den Gesamtinhalt der speziellen Relativitätstheorie als einer Theorie des kräftefreien Feldes, so dürfen wir jetzt behaupten, daß die allgemeine Relativitätstheorie folgende Prinzipien als gemeinsam unvereinbar mit der Erfahrung nachgewiesen hat:

Prinzip der speziellen Relativität
Prinzip der normalen Induktion
Prinzip der allgemeinen Kovarianz
Prinzip der Stetigkeit der Gesetze
Prinzip der Stetigkeit physikalischer Größen
Prinzip der Homogenität des Raumes
Prinzip der Euklidizität des Raumes.

Denn die Gesamtheit dieser Prinzipien ist unvereinbar mit der Erfahrungstatsache, daß im Erdfeld die träge und die schwere Masse gleich sind. Dabei sind alle diese Prinzipien, mit Ausnahme des ersten, apriori im Kantischen Sinne; das erste aber ist gerade dasjenige Prinzip, welches den in der entsprechenden Zusammenstellung des vorhergehenden Abschnitts dargestellten Widerspruch löst.

Wir haben damit die grundlegenden Gedanken für das Verlassen der euklidischen Raumanschauung aufgedeckt. Ehe wir jedoch diese Darlegung beschließen, müssen wir noch etwas über den speziellen Charakter sagen, den auch der Einsteinsche Raum noch besitzt.

Es ist nicht richtig zu sagen, daß in der Einsteinschen Lehre der euklidische Raum keine Vorzugsstellung mehr inne hätte. Eine Bevorzugung liegt immer noch darin, daß das unendlich kleine Raumgebiet als euklidisch angenommen wird. Riemann nennt diese Eigenschaft: „Ebenheit in den kleinsten Teilen". Sie drückt sich analytisch in der gemischt quadratischen Form des Linienelements aus; aus dieser folgt, daß stets eine solche Koordinatenwahl möglich ist, daß in einem einzigen Punkt das Linienelement sich gerade als reine Quadratsumme darstellt. Man kann also ein Koordinatensystem immer so wählen, daß es für ein beliebig vorgegebenes Punktgebiet gerade euklidisch wird. Physikalisch bedeutet dies, daß man für ein unendlich kleines Gebiet das Gravitationsfeld immer „wegtransformieren" kann, wie auch das Feld sonst beschaffen sein möge, daß also kein Wesensunterschied zwischen den durch Transformation erzeugten und den statischen Gravitationsfeldern besteht. Das ist der Inhalt der Einsteinschen Äquivalenzhypothese für die träge und die schwere Masse. Umgekehrt ist auch diese Hypothese der Grund für die quadratische Form des Linienelements, und die Ebenheit in den kleinsten Teilen hat danach ihren physikalischen Grund. Würden die physikalischen Verhältnisse anders liegen, so müßte für das Linienelement ein anderer Differentialausdruck, etwa vom vierten Grade, gewählt werden, und damit würde auch die letzte Vorzugsstellung des euklidischen Raumes verschwinden.

Man kann die Sonderstellung der gemischt quadratischen Form für das Linienelement auch folgendermaßen darstellen. Die die Metrik bestimmenden zehn Funktionen $g_{\mu\nu}$ sind nicht absolut festgelegt, sondern hängen von der Koordinatenwahl ab. Allerdings sind sie nicht unabhängig voneinander, und wenn vier von ihnen vorgegeben sind, sind die Koordinaten und auch die anderen sechs Funktionen bestimmt. In dieser Abhängigkeit drückt sich der absolute Charakter der Raumkrümmung aus. Für die metrischen Funktionen $g_{\mu\nu}$ gilt also keine Relativität, d. h. Beliebigkeit ihrer Wahl. Wohl aber kann man eine andere Relativität behaupten. Es seien beliebige zehn Zahlen vorgegeben, dann läßt sich ein Koordinatensystem immer so wählen, daß die metrischen Koeffizienten in einem beliebig vorgegebenen Punkt gerade gleich diesen zehn Zahlen werden. (In den anderen Punkten sind sie dann natürlich nicht mehr beliebig.) Man kann diese Eigenschaft „Relativität der metrischen Koeffizienten" nennen; sie besagt, daß für einen gegebenen Punkt die metrischen Koeffizienten keine absolute Bedeutung haben. Es läßt sich leicht zeigen, daß diese Relativität nur für das gemischt quadratische Linienelement gilt; für andere Formen, z. B. den Differentialausdruck vierten Grades, ist die beliebige Wahl der Zahlen nicht möglich. Mit der Relativität der metrischen Koeffizienten hat also die Einsteinsche Theorie ein weiteres willkürliches Element in die Naturbeschreibung eingeführt; wir heben dies deshalb hervor, weil an diesem Relativitätsprinzip die empirische Grundlage, nämlich die Gleichheit von träger und schwerer Masse, besonders deutlich zu erkennen ist.

IV. Erkenntnis als Zuordnung.

Ehe wir an eine Kritik der von der Relativitätstheorie aufgezeigten Widersprüche gehen, müssen wir eine Theorie des physikalischen Erkenntnisbegriffs entwickeln und versuchen, den Sinn des Apriori zu formulieren.

Es ist das Kennzeichen der modernen Physik, daß sie alle Vorgänge durch mathematische Gleichungen darstellt; aber diese Berührung zweier Wissenschaften darf über deren grundsätzlichen Unterschied nicht hinwegtäuschen. Für den mathematischen Satz bedeutet Wahrheit eine innere Beziehung seiner Glieder, für den physikalischen Satz aber heißt Wahrheit eine Beziehung auf etwas Äußeres, ein bestimmter Zusammenhang mit der Erfahrung. Man drückt diese Tatsache gewöhnlich in der Form aus, daß man dem mathematischen Satz eine absolute Geltung zuschreibt, dem physikalischen aber nur eine wahrscheinliche. Ihren inneren Grund hat diese Eigentümlichkeit in der Verschiedenheit des Objekts der beiden Wissenschaften.

Der mathematische Gegenstand ist durch die Axiome und die Definitionen der Mathematik vollständig definiert. Durch die Definitionen: denn sie geben an, wie sich der Gegenstand zu den bereits vorher definierten Gegenständen in Beziehung setzt; indem seine Unterschiede und Gleichheiten aufgedeckt werden, erhält er selbst erst seinen Sinn und Inhalt als Inbegriff dieser Abgrenzungen. Und durch die Axiome: denn sie geben die

Rechenregeln, nach denen die Abgrenzungen zu vollziehen sind. Auch die in den Axiomen auftretenden Grundbegriffe sind erst durch die damit aufgestellten Relationen definiert. Wenn Hilbert[9]) unter seine Axiome der Geometrie den Satz aufnimmt: „unter irgend drei Punkten einer Geraden gibt es stets einen und nur einen, der zwischen den beiden andern liegt", so ist dies ebensowohl eine Definition für die Eigenschaften der Punkte wie für die Natur der Geraden oder wie für die Relation „zwischen". Zwar ist dieser Satz noch keine erschöpfende Definition. Aber die Definition wird vollständig durch die Gesamtheit der Axiome. Der Hilbertsche Punkt oder die Gerade ist nichts anderes, als etwas, was die in den Axiomen ausgesagten Eigenschaften besitzt. Man könnte genau so gut die Zeichen a, b, c ... an Stelle der Wortzeichen Punkt, Gerade, zwischen usw. setzen; die Geometrie würde dadurch nicht geändert. Am deutlichsten drückt sich das in der projektiven Geometrie aus, deren Sätze für die Ebene richtig bleiben, wenn man die Begriffe Punkt und Gerade vertauscht. Ihre axiomatisch definierten Relationen sind für diese beiden Begriffe symmetrisch, und obgleich unsere Anschauung mit beiden Begriffen einen ganz verschiedenen Inhalt verbindet und entsprechend auch die Axiome inhaltlich verschieden auffaßt, drückt sich die begriffliche Symmetrie in der Tatsache aus, daß der durch Vertauschung entstandene Satz ebenfalls richtig ist, auch für unsere Anschauung, obgleich sein anschaulicher Sinn geändert worden ist. Diese eigentümliche Wechselseitigkeit der mathematischen Definition, in der immer ein Begriff den anderen definiert, ohne daß eine Beziehung auf „absolute Definitionen" nötig wäre, ist von Schlick[10]) in der Lehre von den impliziten Definitionen sehr klar ausgeführt worden. Wir müssen diese moderne Art der Definition der alten scholastischen mit ihrer Angabe von Klasse und Merkmal gegenüberstellen.

Es ist unter diesen Umständen nicht weiter verwunderlich, daß der mathematische Satz absolute Geltung besitzt. Denn er bedeutet nichts als eine neue Art von Verflechtung der bekannten Begriffe nach den bekannten Regeln. Verwunderlich ist es höchstens, daß der menschliche Verstand, dieses sehr unvollkommene Werkzeug, die Schlußketten vollziehen kann. Aber das ist ein anderes Problem. Schlick hat dafür das schöne Beispiel von der Rechenmaschine erfunden, die auch logische Schlüsse vollzieht und selbst doch nur ein materieller Apparat mit allen empirischen Ungenauigkeiten ist.

Für den physikalischen Gegenstand aber ist eine derartige Definition unmöglich. Denn er ist ein Ding der Wirklichkeit, nicht jener konstruierten Welt der Mathematik. Zwar sieht es so aus, als ob die Darstellung des Geschehens durch Gleichungen einen Weg in der gleichen Richtung bedeute. Es ist Methode der Physik geworden, eine Größe durch andere zu definieren, indem man sie zu immer weiter zurückliegenden Größen in Beziehung setzt und schließlich ein System von Axiomen, Grundgleichungen der Physik, an die Spitze stellt. Aber was wir auf diese Weise erreichen, ist immer nur ein System von verflochtenen mathematischen Sätzen, und es fehlt innerhalb dieses Systems gerade diejenige Behauptung, die den Sinn der Physik ausmacht, die Behauptung, daß dies System von Gleichungen Geltung für die Wirklichkeit hat. Das ist eine ganz andere Beziehung als die immanente Wahrheitsrelation der Mathematik. Wir können sie als eine Zuordnung auffassen: die wirklichen Dinge werden Gleichungen zugeordnet. Nicht nur die Gesamtheit der wirklichen Dinge ist der Gesamtheit des

Gleichungssystems zugeordnet, sondern auch die einzelnen Dinge den einzelnen Gleichungen. Dabei ist das Wirkliche immer nur durch irgendeine Wahrnehmung als gegeben zu betrachten. Nennen wir die Erde eine Kugel, so ist das eine Zuordnung der mathematischen Figur „Kugel“ zu gewissen Wahrnehmungen unserer Augen und unseres Tastsinns, die wir, bereits eine primitivere Stufe der Zuordnung vollziehend, als „Wahrnehmungsbilder der Erde“ bezeichnen. Sprechen wir von dem Boileschen Gasgesetz, so ordnen wir damit die Formel $p \,.\, V = R \,.\, T$ gewissen Wahrnehmungen zu, die wir teils als direkte (z. B. das Hautgefühl bei bewegter Luft), teils als indirekte (z. B. Stand des Zeigers im Manometer) Wahrnehmungen der Gase bezeichnen. Daß die Sinnesorgane die Vermittlung der Begriffe mit der Wirklichkeit übernehmen, ist in der Natur des Menschen begründet und durch gar keine Metaphysik hinweg zu interpretieren.

Die Zuordnung, die im physikalischen Satz vollzogen wird, ist aber von sehr merkwürdiger Natur. Sie unterscheidet sich durchaus von anderen Arten der Zuordnung. Sind etwa zwei Punktmengen gegeben, so ordnen wir sie einander dadurch zu, daß wir zu jedem Punkt der einen Menge einen Punkt der anderen Menge als zugehörig bestimmen. Dazu müssen aber die Elemente jeder der Mengen definiert sein; d. h. es muß für jedes Element noch eine andere Bestimmung geben als die, welche die Zuordnung zur anderen Menge vollzieht. Gerade diese Definiertheit fehlt auf der einen Seite der erkenntnistheoretischen Zuordnung. Zwar sind die Gleichungen, die begriffliche Seite, hinreichend definierte Gebilde. Aber für das „Wirkliche“ kann man das keineswegs behaupten. Im Gegenteil erhält es seine Definition im einzelnen erst durch die Zuordnung zu Gleichungen.

Man könnte diese Zuordnung dem mathematischen Fall vergleichen, wo eine diskrete Menge einer Untermenge des Kontinuums zugeordnet wird. Betrachten wir etwa als Beispiel die Zuordnung der rationalen Brüche zu Punkten einer geraden Linie. Wir bemerken zunächst auch hier, daß die Punkte der geraden Linie alle wohl definiert sind; wir können durchaus von jedem Punkt der Ebene angeben, ob er zu der Geraden gehört oder nicht. Mehr als das: die Punkte der Geraden sind außerdem geordnet; wir können von je zwei Punkten angeben, welcher von ihnen „rechts", welcher „links" liegt. Aber es werden bei der Zuordnung nicht alle Punkte der Geraden getroffen. Eine unendliche Menge, die den irrationalen Zahlen entspricht, bleibt unberührt, und die Auswahl der den rationalen Brüchen entsprechenden Punkte wird erst durch die Zuordnung vollzogen. Wir können von einem Punkte der Geraden nicht ohne weiteres angeben, ob er zu der zugeordneten Untermenge gehört; um das festzustellen, müssen wir erst nach einer Methode, die durch die Konstruktion der rationalen Brüche gegeben ist, eine Untersuchung anstellen. Insofern vollzieht die Zuordnung zu der andern Menge erst die Auswahl der Untermenge des Kontinuums. Aber wir bemerken auch, daß das Problem so noch nicht hinreichend definiert ist. Denn wir können die Zuordnung noch auf unendlich viel verschiedene Weisen vollziehen. Vergrößern wir etwa die als Einheit gewählte Strecke, so findet die geforderte Zuordnung ebensogut statt, aber einem bestimmten rationalen Bruch entspricht jetzt ein anderer Punkt der Geraden. Und mehr als das: Punkte, die vorher einer Irrationalzahl entsprachen, werden jetzt vielleicht einem rationalen Bruch zugeordnet, so daß die ausgewählte Untermenge sich jetzt aus ganz anderen Elementen zusammensetzt. Noch ganz andere Zuordnungen ergeben sich, wenn man etwa die Gerade in Strecken einteilt, die den ganzen Zahlen entsprechen, und die Zuordnung innerhalb jedes Abschnitts von rückwärts vornimmt; man könnte auch beliebige endliche Stücke überhaupt von der Zuordnung ausschalten — derartiger Möglichkeiten gibt es unbegrenzt viel. Man erkennt: die auszuwählende Untermenge ist erst definiert, wenn noch gewisse Nebenbedingungen angegeben sind. So kann man fordern, daß von zwei beliebigen Brüchen der größere immer dem weiter rechts gelegenen Punkt zugeordnet wird, daß ein doppelt so großer Bruch einem doppelt so weit rechts gelegenen Punkt zugeordnet wird usw. Man kann fragen, wann die Nebenbedingungen hinreichend sind, um die Zuordnung eindeutig zu machen. Erst wenn solche Bedingungen gefunden worden sind, ist durch die diskrete Menge und die Nebenbedingungen eine eindeutige Auswahl unter den Punkten des Kontinuums vollzogen. Ihre Durchführung ist dann immer noch ein mathematisches Problem, aber ein eindeutig lösbares: es lösen, heißt andere Relationen zu finden, die dann ebenfalls zwischen den Punkten bestehen und in den Nebenbedingungen nicht explizit gegeben sind.

Aber auch dieses Beispiel unterscheidet sich immer noch von der Zuordnung, die im Erkenntnisprozeß vollzogen wird. In dem Beispiel war für die Obermenge jedes Element definiert, sogar noch ein Ordnungssinn gegeben. Die Nebenbedingungen mußten von dieser Eigenschaft Gebrauch machen, nicht nur von dem Ordnungssinn, sondern auch von der Definiertheit der Einzelelemente; von letzterer z. B. in der Forderung, daß dem doppelten Bruch die doppelte Strecke auf der Geraden entsprechen soll, denn das setzt voraus, daß man für jeden Punkt eine Entfernung vom Nullpunkt angeben kann. Für die Zuordnung des Erkenntnisvorgangs aber versagen alle solche Bestimmungen. Die eine Seite ist völlig undefiniert. Sie ist nicht in Grenzen eingeschlossen, sie hat keinen Ordnungssinn, ja, es läßt sich nicht einmal angeben, was ein Einzelelement dieser Menge ist. Was ist die Länge eines physikalischen Stabes? Sie wird erst definiert durch eine Fülle von physikalischen Gleichungen, die aus den Ablesungen an den geodätischen Instrumenten eine Größe „Länge" herausinterpretieren. Wieder vollzieht erst die Zuordnung zu den Gleichungen die Definition. Und wir stehen vor der merkwürdigen Tatsache, daß wir in der Erkenntnis eine Zuordnung zweier Mengen vollziehen, deren eine durch die Zuordnung nicht bloß ihre Ordnung erhält, sondern in ihren Elementen erst durch die Zuordnung definiert wird.

Auch wenn man versucht, die einzelne Wahrnehmung als definiertes Element der Wirklichkeit zu betrachten, kommt man nicht durch. Denn der Inhalt jeder Wahrnehmung ist viel zu komplex, um als zuzuordnendes Element gelten zu können. Fassen wir etwa in dem oben erwähnten Beispiel die Wahrnehmung des Manometerzeigers als solches Element auf, so geraten wir deshalb in Schwierigkeiten, weil diese Wahrnehmung viel mehr enthält als die Zeigerstellung. Ist z. B. auf dem Manometer das Firmenschild des Fabrikanten befestigt, so geht dies ebenfalls in die Wahrnehmung ein. Zwei Wahrnehmungen, die sich in bezug auf das Firmenschild unterscheiden, können für die Zuordnung zur Boileschen Gleichung trotzdem äquivalent sein. Ehe wir die Wahrnehmung zuordnen, müssen wir in ihr eine Ordnung vollziehen, „das Wesentliche vom Unwesentlichen scheiden"; aber das ist bereits eine Zuordnung unter Zugrundelegung der Gleichungen oder der in ihnen ausgedrückten Gesetze. Auch ein Ordnungssinn ist durch die Wahrnehmung nicht gegeben. Man könnte vermuten, daß etwa die zeitliche Aufeinanderfolge der Wahrnehmungen für die Wirklichkeitsseite der Zuordnung einen Ordnungssinn bedeutet. Aber das ist keinesfalls richtig. Denn die in dem Erkenntnisurteil behauptete Zeitordnung kann der der Wahrnehmung durchaus widersprechen. Liest man etwa bei zwei Koinzidenzbeobachtungen die Stoppuhren in umgekehrterReihenfolge ab, so bildet man unabhängig davon ein Urteil über den „wirklichen" Zeitverlauf. Dieses Urteil aber basiert bereits auf physikalischen Erkenntnissen, also Zuordnungen, z. B. muß die physikalische Natur der Uhren, etwa ihre Korrektion, bekannt sein. Die Zeitordnung der Wahrnehmungen ist für die im Erkenntnisurteil behauptete Zeitordnung irrelevant, sie liefert keinen für die Zuordnung brauchbaren Ordnungssinn.

Die Wahrnehmung enthält nicht einmal ein hinreichendes Kriterium dafür, ob ein gegebenes Etwas zur Menge der wirklichen Dinge gehört oder nicht. Die Sinnestäuschungen und Halluzinationen beweisen das. Erst ein Erkenntnisurteil, d. i. aber ein Zuordnungsprozeß, kann die Entscheidung fällen, ob die Sinnesempfindung eines Baumes einem wirklichen Baum entspricht, oder nur dem Durstfieber des Wüstenwanderers ihr Dasein verdankt. Allerdings liegt in jeder Wahrnehmung, auch in der halluzinierten, ein Hinweis auf etwas Wirkliches — die Halluzination läßt auf physiologische Veränderungen schließen — und wir werden noch anzugeben haben, was diese Eigentümlichkeit bedeutet. Aber eine Definition des Wirklichen leistet die Wahrnehmung nicht.

Vergleichen wir diese Tatsache mit dem geschilderten Beispiel einer Zuordnung, so finden wir, da auch die Wahrnehmung keine Definition für die Elemente der Obermenge darstellt, daß im Erkenntnisvorgang eine völlig undefinierte Menge auf der einen Seite vorliegt. So kommt es, daß erst das physikalische Gesetz die Einzeldinge und ihre Ordnung definiert. Die Zuordnung selbst schafft sich erst die eine Reihe der zuzuordnenden Elemente.

Man könnte geneigt sein, diese Schwierigkeit mit einem raschen Entschluß aus dem Wege zu räumen: indem man erklärt, daß nur die geordnete der beiden Reihen „wirklich“ sei, daß die undefinierte andere Seite fingiert, ein hypostasiertes Ding an sich sei. Vielleicht kann man so die Auffassung des Berkeleyschen Solipsismus und in gewissem Sinne auch des modernen Positivismus interpretieren. Aber diese Auffassung ist bestimmt falsch. Denn das Merkwürdige bleibt, daß die definierte Seite ihre Rechtfertigung nicht in sich trägt, daß sie sich ihre Struktur von außen her vorschreiben lassen muß. Trotzdem es sich um eine Zuordnung zu undefinierten Elementen handelt, ist diese Zuordnung nur in einer ganz bestimmten Weise möglich, keineswegs beliebig; wir nennen das: Bestimmung der Erkenntnisse durch Erfahrung. Und wir konstatieren die Merkwürdigkeit, daß die definierte Seite die Einzeldinge der undefinierten Seite erst bestimmt, und daß umgekehrt die undefinierte Seite die Ordnung der definierten Seite vorschreibt. In dieser Wechselseitigkeit der Zuordnung drückt sich die Existenz des Wirklichen aus. Es ist ganz gleichgültig, ob man dabei von einem Ding an sich spricht, oder ob man ein solches bestreitet. Daß das Wirkliche existiert, bedeutet jene Wechselseitigkeit der Zuordnung; dies ist sein für uns begrifflich erfaßbarer Sinn, und so vermögen wir ihn zu formulieren.

Hier erhebt sich die Frage: Worin besteht denn die

Auszeichnung der „richtigen“ Zuordnung? Wodurch unterscheidet sie sich von der „unrichtigen“? Nun, dadurch, daß keine Widersprüche entstehen. Widersprüche werden aber erst konstatiert durch die experimentelle Beobachtung. Berechnet man etwa aus der Einsteinschen Theorie eine Lichtablenkung von 1,7″ an der Sonne, und würde man an Stelle dessen 10″ finden, so ist das ein Widerspruch, und solche Widersprüche sind es allemal, die über die Geltung einer physikalischen Theorie entscheiden. Nun ist die Zahl 1,7″ auf Grund von Gleichungen und Erfahrungen an anderem Material gewonnen; die Zahl 10″ aber im Prinzip nicht anders, denn sie wird keineswegs direkt abgelesen, sondern aus Ablesungsdaten mit Hilfe ziemlich komplizierter Theorien über die Meßinstrumente konstruiert. Man kann also sagen, daß die eine Überlegungs- und Erfahrungskette dem Wirklichkeitsereignis die Zahl 1,7 zuordnet, die andere die Zahl 10, und dies ist der Widerspruch. Diejenige Theorie, welche fortwährend zu widerspruchsfreien Zuordnungen führt, nennen wir wahr. Schlick hat deshalb ganz recht, wenn er Wahrheit als Eindeutigkeit der Zuordnung definiert[11]). Immer wenn alle Überlegungsketten auf dieselbe Zahl für dieselbe Sache führen, nennen wir eine Theorie wahr. Dies ist unser einziges Kriterium der Wahrheit; es ist dasjenige, was seit der Entdeckung einer exakten Erfahrungswissenschaft durch Galilei und Newton und ihrer philosophischen Rechtfertigung durch Kant als unbedingter Richter gegolten hat. Und wir bemerken, daß hier die Stellung gezeigt ist, die der Wahrnehmung im Erkenntnisprozeß zukommt. Die Wahrnehmung liefert das Kriterium für die Eindeutigkeit der Zuordnung. Wir hatten vorher gesehen, daß sie nicht imstande ist, die Elemente der Wirklichkeit zu definieren. Aber die Entscheidung über Eindeutigkeit vermag sie immer zu leisten. Darin stehen die sogenannten Sinnestäuschungen nicht hinter der normalen Wahrnehmung zurück. Sie sind nämlich gar keine Täuschung der Sinne, sondern der Interpretation; daß auch in der Halluzination die empfundenen Eindrücke vorliegen, ist nicht zu bezweifeln, falsch ist nur der Schluß von diesen Eindrücken auf die äußeren Ursachen. Wenn ich mit dem Finger auf meinen Augennerv drücke, so sehe ich einen Lichtblitz; das ist ein Faktum, und falsch ist nur der Schluß, daß deshalb auch im Zimmer ein Lichtblitz stattgefunden hätte. Würde ich die Wahrnehmung mit anderen zusammen ordnen, etwa mit der Beobachtung einer gleichzeitig im Zimmer aufgestellten photographischen Platte, so entsteht ein Widerspruch, wenn ich die Wahrnehmung auf einen Lichtvorgang zurückführen will, denn ich beobachte auf der Platte keine Schwärzung. Ordne ich die Wahrnehmung aber in einen anderen Begriffszusammenhang, etwa in den einer physiologischen Theorie, so entsteht kein Widerspruch, die Wahrnehmung des Lichtblitzes bedeutet vielmehr eine Bestätigung für die Annahmen über die Lage des Sehnerven. Man erkennt, daß die sogenannte Sinnestäuschung genau so gut wie jede normale Wahrnehmung ein Kriterium für die Eindeutigkeit der Zuordnung, also ein Wahrheitskriterium darstellt. Diese Eigenschaft kommt schlechthin jeder Wahrnehmung zu, und dies ist auch ihre einzige erkenntnistheoretische Bedeutung.

Es muß jedoch beachtet werden, daß der hier benutzte Begriff der Eindeutigkeit durchaus verschieden ist von dem, was wir in den genannten mengentheoretischen Beispielen unter Eindeutigkeit verstanden. Wir nannten dort eine Zuordnung eindeutig, wenn sie jedem Element der einen Menge unabhängig von der Art, wie die verlangte

Zuordnung ausgeführt wird, immer nur ein und dasselbe identische Element der anderen Menge zuordnet. Dazu müssen aber die Elemente der anderen Menge ebenfalls definiert sein, es muß sich feststellen lassen, ob das getroffene Element dasselbe ist wie vorher oder nicht. Für die Wirklichkeit ist das keineswegs möglich. Das einzige, was wir konstatieren können, ist, ob zwei aus verschiedenen Messungen abgeleitete Zahlen gleich sind. Ob eine Zuordnung, die dies leistet, immer dieselben Elemente der Wirklichkeit trifft, darüber können wir nichts entscheiden. Diese Frage ist deshalb sinnlos; denn wenn nur die Gleichheit der Messungszahlen durchgängig erreicht wird, besitzt die Zuordnung diejenige Eigenschaft, die wir als Wahrheit oder objektive Geltung bezeichnen. Und wir definieren deshalb: Eindeutigkeit heißt für die Erkenntniszuordnung, daß eine physikalische Zustandsgröße bei ihrer Bestimmung aus verschiedenen Erfahrungsdaten durch dieselbe Messungszahl wiedergegeben wird.

Diese Definition behauptet nicht, daß die Zustandsgröße bei Gleichheit aller physikalischen Faktoren an jedem Raumzeitpunkt denselben Wert haben müßte. Die Annahme, daß die vier Koordinaten in den physikalischen Gleichungen nicht explizit auftreten, ist vielmehr erst eine Behauptung der Kausalität *). Auch wenn sie nicht er-

---

*) Die Kausalität, die so oft als ein apriores Prinzip der Naturwissenschaft genannt wird, läßt sich bei genauerer Analyse nicht mehr als ein Prinzip, sondern nur noch als ein Komplex von Prinzipien auffassen, die einzeln bisher nicht scharf formuliert wurden. Eins von diesen scheint mir die Annahme zu sein, daß die Koordinaten in den Gleichungen nicht explizit auftreten, daß also gleiche Ursachen an einem anderen Raumzeitpunkt dieselbe Wirkung haben; ein anderes ist der oben erwähnte Satz von der Existenz zeitlich nicht umkehrbarer physikalischer Abläufe Andererseits gehört auch die Eindeutigkeit der physikalischen Relation in diesen Komplex hinein. Es wäre besser, den Sammelnamen Kausalität überhaupt auszuschalten und durch die Einzelprinzipien zu ersetzen.

füllt wäre, wäre immer noch Eindeutigkeit vorhanden; denn Eindeutigkeit besagt nichts über die Wiederholung von Vorgängen, sondern fordert nur, daß bei einem einmaligen Vorgang der Wert der Konstanten durch sämtliche Faktoren, gegebenenfalls einschließlich der Koordinaten, völlig bestimmt ist. Diese Bestimmtheit muß allerdings vorhanden sein, denn sonst läßt sich der Zahlwert der Zustandsgröße nicht durch eine Überlegungs- und Erfahrungskette berechnen. Aber ihren Ausdruck findet diese Bestimmtheit nicht nur in dem Vergleich zweier gleicher Ereignisse an verschiedenen Raumzeitpunkten, sondern ebensogut in der Beziehung ganz verschiedener Ereignisse aufeinander durch die verbindenden Gleichungen.

Aber wie ist es möglich, solche Zuordnung durchgängig zu erreichen? Indem man diese Frage aufwirft, stellt man sich auf den Boden der kritischen Philosophie; denn sie bedeutet nichts anderes als die Kantische Frage: Wie ist Erkenntnis der Natur möglich? Es wird unsere Aufgabe sein, die Antwort, die Kant auf diese Frage gab, mit den Resultaten der Relativitätstheorie zu vergleichen, und zu untersuchen, ob die Kantische Antwort sich heute noch verteidigen läßt. Aber wir wollen hier sogleich betonen, daß die Frage auch unabhängig von jeder gegebenen Antwort ihren guten Sinn hat, und daß es keine Erkenntnistheorie geben kann, die an ihr vorbeigeht.

Was bedeutet das Wort „möglich“ in dieser Frage? Sicherlich soll es nicht bedeuten, daß der Einzelmensch eine solche Zuordnung zustande bringt. Denn das kann er gewiß nicht, und man darf den Erkenntnisbegriff nicht so definieren, daß er von der geistigen Potenz eines beliebigen Durchschnittsmenschen abhängt. Möglich ist hier nicht psycho-physisch gemeint, sondern logisch: es bedeutet die Frage nach den logischen Bedingungen der

Zuordnung. Wir haben an unserem Beispiel gesehen, daß Bedingungen da sein müssen, die die Zuordnung erst bestimmen; es sind Prinzipien allgemeiner Art, etwa über den Ordnungssinn, über metrische Verhältnisse usw. Analoge Prinzipien müssen auch für die Erkenntniszuordnung existieren; sie müssen nur die eine Eigenschaft besitzen, daß die durch sie definierte Zuordnung eindeutig im Sinne unseres Kriteriums wird. Darum dürfen wir der kritischen Frage diese Form geben: Mit welchen Prinzipien wird die Zuordnung von Gleichungen zur Wirklichkeit eindeutig?

Ehe wir auf die Beantwortung dieser Frage eingehen, müssen wir die erkenntnistheoretische Stellung der Zuordnungsprinzipien charakterisieren. Denn sie bedeuten nichts anderes als die synthetischen Urteile apriori Kants.

V. Zwei Bedeutungen des Apriori und die implizite Voraussetzung Kants.

Der Begriff des Apriori hat bei Kant zwei verschiedene Bedeutungen. Einmal heißt er soviel wie „apodiktisch gültig“, „für alle Zeiten gültig“, und zweitens bedeutet er „den Gegenstandsbegriff konstituierend“.

Wir müssen die zweite Bedeutung noch näher erläutern. Der Gegenstand der Erkenntnis, das Ding der Erscheinung, ist nach Kant nicht unmittelbar gegeben. Die Wahrnehmung gibt nicht den Gegenstand, sondern nur den Stoff, aus dem er geformt wird; diese Formung wird durch den Urteilsakt vollzogen. Das Urteil ist die Synthesis, die das Mannigfaltige der Wahrnehmung zum Objekt zusammenfaßt. Dazu muß im Urteil eine Einordnung in ein bestimmtes Schema vollzogen werden; je nach der Wahl des Schemas entsteht ein Ding oder ein bestimmter Typus von Relation. Die Anschauung ist die Form, in der die Wahrnehmung den Stoff darbietet, also gleichfalls ein synthetisches Moment. Aber erst das begriffliche Schema, die Kategorie, schafft das Objekt; der Gegenstand der Wissenschaft ist also nicht ein „Ding an sich“, sondern ein durch Kategorien konstituiertes, auf Anschauung basiertes Bezugsgebilde.

Unsere vorangegangenen Überlegungen können den Grundgedanken dieser Theorie nur bestätigen. Wir sahen, daß die Wahrnehmung das Wirkliche nicht definiert, daß erst die Zuordnung zu mathematischen Begriffen das Element der Wirklichkeit, den wirklichen Gegenstand, bestimmt. Wir sahen auch, daß es gewisse Prinzipien der Zuordnung geben muß, weil sonst die Zuordnung nicht definiert ist. In der Tat müssen diese Prinzipien derart sein, daß sie bestimmen, wie die zugeordneten Begriffe sich zu Gebilden und Abläufen zusammenfügen; sie definieren also erst das wirkliche Ding und das wirkliche Geschehen. Wir dürfen sie als konstitutive Prinzipien der Erfahrung bezeichnen. Kant nennt als solche Schemata Raum, Zeit und die Kategorien; wir werden zu untersuchen haben, ob dies die geeigneten Nebenbedingungen für die eindeutige Zuordnung sind.

Die zweite Bedeutung des Apriori-Begriffs ist jedenfalls die wichtigere. Denn sie verleiht diesem Begriff die zentrale Stellung, die er seit Kant in der Erkenntnistheorie inne hat. Es war die große Entdeckung Kants, daß der Gegenstand der Erkenntnis nicht schlechthin gegeben, sondern konstruiert ist, daß er begriffliche Elemente enthält, die in der reinen Wahrnehmung nicht enthalten sind. Zwar ist dieser konstruierte Bezugspunkt nicht eine bloße Fiktion, denn sonst könnte seine Struktur nicht in so enger Form von außen, durch die wiederholte Wahrnehmung, vorgeschrieben werden; darum bezieht Kant ihn auf ein Ding an sich, das selbst nicht erkennbar doch darin zutage tritt, daß es das leere Schema der Kategorien mit positivem Inhalt füllt.

Das ist natürlich alles sehr bildhaft gesprochen, und wir müssen, wollen wir gültige Resultate finden, zu exakteren Formulierungen zurückkehren; aber es ist nicht unzweckmäßig, sich die Kantische Lehre in mehr anschaulicher Form zu vergegenwärtigen, weil man damit zu einer raschen Übersicht ihrer wesentlichen Gedanken kommt. Zum Teil liegt es auch darin begründet, daß die Kantischen Begriffsbildungen einer mehr von grammatischer als von mathematischer Präzision durchtränkten Zeit angehören, und daher nur der formale Aufbau dieser Begriffe, nicht ihr sachlicher Kern, sprachlich faßbar ist. Vielleicht wird einmal eine spätere Zeit auch unsere Begriffe bildhaft nennen.

Die zugeordneten Kategorien sind natürlich nicht in dem Sinne Bestandteile des Gegenstands wie seine materiellen Teile. Der wirkliche Gegenstand ist das Ding, wie es vor uns steht; es hat keinen Sinn, dieses Sein noch näher definieren zu wollen, denn was „wirklich" bedeutet, kann nur erlebt werden, und alle Versuche der Schilderung bleiben Analogien oder sind Darstellungen für den begrifflichen Ausdruck dieses Erlebnisses. Die Wirklichkeit der Dinge ist zu trennen von der Wirklichkeit der Begriffe, die, insofern man sie real nennen will, nur psychologische Existenz haben. Aber es bleibt eine eigentümliche Relation zwischen dem wirklichen Ding und dem Begriff, weil erst durch die Zuordnung des Begriffs definiert wird, was in dem „Kontinuum" der Wirklichkeit ein Einzelding ist, und weil auch erst der begriffliche Zusammenhang auf Grund von Wahrnehmungen entscheidet, ob ein gedachtes Einzelding „in Wirklichkeit da ist".

Wenn man die Menge der reellen Funktionen von zwei Variablen durch ein Koordinatenkreuz der Ebene zuordnet, so bestimmt jede Funktion eine Figur in dem Kontinuum der Ebene. Die einzelne Figur ist also erst durch die Funktion definiert. Allerdings läßt sie sich auch anders definieren, indem man etwa eine Kurve anschaulich zeichnet. Aber welche anschauliche Kurve der Ebene in dem genannten Beispiel gerade einer bestimmten Funktion zugeordnet wird, hängt von der Art ab, wie man das Koordinatenkreuz in die Ebene hineinlegt, wie man die Maßverhältnisse wählt usw. Wir müssen dabei zwei

Arten von Zuordnungsprinzipien unterscheiden: solche, die von der Definiertheit der Elemente auf beiden Seiten Gebrauch machen, und solche, die nur die Elemente einer Seite benutzen. Die Festlegung des Koordinatenkreuzes ist von der ersten Art, denn sie vollzieht sich dadurch, daß man bestimmte anschaulich definierte Punkte den Koordinatenzahlen zuordnet; sie ist also selbst wieder eine Zuordnung. Eine Bedingung der zweiten Art wäre z. B. die folgende. Wollen wir eine Funktion $f(x, y, z) = 0$ von drei Variablen der Ebene zuordnen, so geschieht dies durch eine einparametrige Kurvenschar. Welche Variablen dabei den Achsen entsprechen, ist durch die Festlegung des Koordinatenkreuzes bestimmt; denn diese sagt ja, daß die und die Punkte der Ebene den Werten x, und jene anderen Punkte der Ebene den Werten y entsprechen. So ist also auch festgelegt, welche Variable als Parameter auftritt. Trotzdem ist immer noch eine Willkür vorhanden. Im allgemeinen erhält man die Kurvenschar dadurch, daß man für jeden Wert $z = p =$ konst. eine Kurve $f(x, y, p) = 0$ konstruiert. Man kann aber auch eine beliebige Funktion $\varphi(x, z) = p' =$ konst. annehmen und p' als Parameter wählen, dann erhält man eine Kurvenschar von ganz anderer Gestalt. Aber diese Kurvenschar ist ebensogut ein Bild der Funktion $f(x, y, z)$ wie die erste. Man kann nicht sagen, daß die eine Schar der Funktion besser angepaßt sei als die andere; die erste ist nur für unser Anschauungsvermögen durchsichtiger, unseren psychologischen Fähigkeiten besser angepaßt. Es hängt also ganz von der Wahl des Parameters ab, welche Menge der anschaulichen Kurven durch die Zuordnung zu $f(x, y, z)$ ausgewählt wird. Trotzdem ist die Bestimmung des Parameters nur für die analytische Seite der Zuordnung eine Vorschrift, und benutzt zu ihrer Formulierung keinerlei

Eigenschaften der geometrischen Seite. Und wir bemerken, daß es Zuordnungsprinzipien gibt, die sich nur auf die eine Seite der Zuordnung beziehen, und trotzdem auf die Auswahl der anderen Seite von entscheidendem Einfluß sind.

Wir haben gesehen, daß die Definiertheit der Elemente auf der einen Seite der Erkenntniszuordnung fehlt; und darum kann es für die Erkenntnis keine Zuordnungsprinzipien der ersten Art geben, sondern nur solche, die sich auf die begriffliche Seite der Zuordnung beziehen und daher mit gleichem Recht Ordnungsprinzipien heißen können. Daß es möglich ist, allein mit der zweiten Art von Zuordnungsprinzipien auszukommen, ist eine große Merkwürdigkeit, und ich wüßte gar keine andern solchen Fälle neben dem Erkenntnisphänomen zu nennen. Aber sie ist nicht merkwürdiger als die Tatsache des Wirklichkeitserlebnisses überhaupt, und hängt damit zusammen, daß Eindeutigkeit für diese Zuordnung etwas anderes bedeutet als eine Beziehung auf „dasselbe" Element der Wirklichkeitsseite, daß sie durch ein von der Zuordnung unabhängiges Kriterium, die Wahrnehmung, konstatiert wird. Gerade deshalb haben die Zuordnungsprinzipien für den Erkenntnisprozeß eine viel tiefere Bedeutung als für jede andere Zuordnung. Denn indem sie die Zuordnung bestimmen, werden durch sie erst die Einzelelemente der Wirklichkeit definiert, und in diesem Sinne sind sie konstitutiv für den wirklichen Gegenstand; in Kants Worten: „weil nur vermittelst ihrer überhaupt irgendein Gegenstand der Erfahrung gedacht werden kann" [12]).

Als Beispiel für Zuordnungsprinzipien sei das Wahrscheinlichkeitsprinzip genannt, welches definiert, wann eine Reihe von Messungszahlen als Werte derselben Konstanten anzusehen sind [13]). (Man denke etwa an eine Verteilung nach dem Gaußschen Fehlergesetz.) Dieses Prinzip bezieht sich allein auf die begriffliche Seite der Zuordnung, und ist dennoch vor anderen Sätzen der Physik dadurch ausgezeichnet, daß es unmittelbar der Definition des Wirklichen dient; es definiert die physikalische Konstante. Ein anderes Beispiel bildet das Genidentitätsprinzip [14]), welches aussagt, wie physikalische Begriffe zu Reihen zusammengefaßt werden müssen, damit sie dasselbe in der Zeit sich identisch bleibende Ding definieren. Auch Raum und Zeit sind solche Zuordnungsprinzipien, denn sie besagen z. B., daß vier Zahlen erst einen einzigen Wirklichkeitspunkt definieren. Für die alte Physik war auch die euklidische Metrik ein solches Zuordnungsprinzip, denn sie gab Relationen an, wie sich Raumpunkte ohne Unterschied ihrer physikalischen Qualität zu ausgedehnten Gebilden zusammenfügen; die Metrik definierte nicht, wie Temperatur oder Druck, einen physikalischen Zustand, sondern bildete einen Teil des Begriffs vom physikalischen Ding, das erst Träger aller Zustände ist. Obgleich diese Prinzipien Vorschriften für die begriffliche Seite der Zuordnung sind und ihr als Zuordnungsaxiome vorangestellt werden können, unterscheiden sie sich von den sonst als Axiome der Physik bezeichneten Sätzen. Man kann die Einzelgesetze der Physik unter sich in ein deduktives System bringen, so daß sie alle als Folgerungen einiger weniger Grundgleichungen erscheinen. Diese Grundgleichungen enthalten aber immer noch spezielle mathematische Operationen; so geben die Einsteinschen Gravitationsgleichungen an, in welcher speziellen mathematischen Beziehung die physikalische Größe R_{ik} zu den physikalischen Größen T_{ik} und g_{ik} steht. Wir wollen sie deshalb Verknüpfungsaxiome nennen [15]). Die Zuordnungsaxiome unterscheiden sich von ihnen dadurch, daß sie nicht bestimmte Zustandsgrößen mit andern verknüpfen, sondern allgemeine Regeln enthalten, nach denen überhaupt verknüpft wird. So sind in den Gravitationsgleichungen die Axiome der Arithmetik als Regeln der Verknüpfung vorausgesetzt, und diese sind daher Zuordnungsprinzipien der Physik.

Obgleich die Zuordnung der Erkenntnis nur erlebnismäßig vollzogen und nicht durch begriffliche Relationen hinreichend charakterisiert werden kann, ist sie doch an die Anwendung jener Zuordnungsprinzipien in eigentümlicher Weise gebunden. Wenn wir z. B. ein bestimmtes mathematisches Symbol einer physikalischen Kraft zuordnen, so müssen wir, um die Kraft als Gegenstand denken zu können, ihr die Eigenschaften des mathematischen Vektors zuschreiben; hier sind also die auf Vektoroperationen bezüglichen Axiome der Arithmetik konstitutive Prinzipien, Kategorien eines physikalischen Begriffs *). Wenn wir von der Bahn eines Elektrons reden, so müssen wir das Elektron als sich selbst identisch bleibendes Ding denken, also das Genidentitätsprinzip als konstitutive Kategorie benutzen. Dieser Zusammenhang der begrifflichen Kategorie mit dem Zuordnungserlebnis bleibt als letzter, nicht analysierbarer Rest bestehen. Aber er grenzt deutlich eine Klasse von Prinzipien dadurch ab, daß er sie, die als begriffliche Formeln nur für die begriffliche Seite der Zuordnung gelten können, als Formen der Erkenntnis den allgemeinsten Verknüpfungsgesetzen noch voranstellt. Und diese Prinzipien sind deshalb von so tiefer Bedeutung, weil sie das sonst völlig undefinierte

*) Daran liegt es auch, daß uns die Sätze vom Parallelogamm der Kräfte so selbstverständlich vorkommen und wir ihren empirischen Charakter gar nicht sehen. Sie sind auch selbstverständlich, wenn die Kraft ein Vektor ist; aber das ist gerade das Problem.

Problem der Erkenntniszuordnung erst zu einem definierten machen.

Wir müssen jetzt die beiden Bedeutungen des Apriori-Begriffs, die wir nannten, in einen Zusammenhang bringen. Definieren wir einmal „apriori" im Sinne der zweiten Bedeutung als „Gegenstand konstituierend". Wie folgt daraus, daß die aprioren Prinzipien apodiktisch gelten, daß sie von aller Erfahrung ewig unberührt bleiben?

Kant begründet diesen Schluß folgendermaßen: Die menschliche Vernunft, d. i. der Inbegriff von Verstand und Anschauung, trägt eine bestimmte Struktur in sich. Diese Struktur schreibt die allgemeinen Gesetze vor, nach denen das Wahrnehmungsmaterial geordnet wird, damit Erkenntnisse entstehen. Jede Erfahrungserkenntnis ist als Erkenntnis bereits durch eine solche Einordnung zustande gekommen, kann also niemals einen Gegenbeweis für die Ordnungsprinzipien darstellen. Darum haben diese apodiktische Gültigkeit.

Sie gelten, solange die menschliche Vernunft sich nicht ändert, und in diesem Sinne ewig. Jedenfalls kann durch Erfahrungen eine Änderung der menschlichen Vernunft nicht zustande kommen, weil Erfahrungen die Vernunft voraussetzen. Ob sich aber die Vernunft aus inneren Gründen einmal ändern wird, ist eine müßige Frage und für Kant irrelevant. Jedenfalls will er nicht bestreiten, daß andere Wesen existieren könnten, die andere konstitutive Prinzipien benutzen als wir [16]); damit ist natürlich auch die Möglichkeit offen gelassen, daß es biologische Übergangsformen zwischen diesen Wesen und uns gibt, und daß eine biologische Entwicklung unserer Vernunft zu derartigen andersvernünftigen Wesen stattfindet. Kant spricht allerdings niemals von dieser Möglichkeit, aber sie würde seiner Theorie nicht widersprechen. Was seine

Theorie ausschließt, ist nur die Veränderung der Vernunft und ihrer Ordnungsprinzipien durch Erfahrungen; in diesem Sinne ist das „apodiktisch gültig" zu verstehen.

Übertragen wir diesen Gedankengang auf unsere bisherigen Formulierungen, so lautet er folgendermaßen: Wenn wir Wahrnehmungsdaten zur Erkenntnis zusammenordnen, so müssen Prinzipien da sein, die diese Zuordnung genauer definieren; wir nannten sie Zuordnungsprinzipien und erkannten in ihnen diejenigen Prinzipien, welche den Gegenstand der Erkenntnis erst definieren. Fragen wir, welches diese Prinzipien sind, so brauchen wir nur die Vernunft zu fragen, und nicht die Erfahrung; denn die Erfahrung wird ja erst durch sie konstituiert. Kants Verfahren zur Beantwortung der kritischen Frage besteht deshalb in der Analyse der Vernunft. Wir haben in den Abschnitten II und III eine Reihe von Prinzipien apriori genannt; wir wollen damit ausdrücken, daß sie sich nach dem Kantischen Verfahren als Zuordnungsprinzipien ergeben würden. Wir durften dafür das Kriterium der Evidenz benutzen, denn dies wird auch von Kant als charakteristisch für seine Prinzipien eingeführt. Auch erscheint es selbstverständlich, daß diese Prinzipien, die ihren Grund nur in der Vernunft tragen, evident erscheinen müssen[17]).

Wir hatten aber festgestellt, daß die Zuordnungsprinzipien dadurch ausgezeichnet sein müssen, daß sie die eindeutige Zuordnung möglich machen; dahin hatte sich uns der Sinn der kritischen Frage dargestellt. Es ist aber nicht gesagt, daß diejenigen Prinzipien, die in der Vernunft veranlagt sind, auch diese Eigenschaft besitzen, denn das Kriterium der Eindeutigkeit, die Wahrnehmung, ist von der Vernunft ganz unabhängig. Es müßte vielmehr ein großer Zufall der Natur sein, wenn gerade die vernünftigen

Prinzipien auch die eindeutig bestimmenden wären. Nur eine Möglichkeit gibt es, dieses Zusammentreffen verständlich zu machen: wenn es für die Forderung der Eindeutigkeit auf die Prinzipien der Zuordnung gar nicht ankommt, wenn also für jedes beliebige System von Zuordnungsprinzipien eine eindeutige Zuordnung immer möglich ist.

In den von uns bisher angezogenen Beispielen einer Zuordnung war diese Forderung keineswegs erfüllt. Es gibt dort nur eine Klasse von Bedingungssystemen, die eine eindeutige Zuordnung definieren. So führten wir an, daß die rationalen Brüche sich auf verschiedene Weise Punkten einer geraden Linie zuordnen lassen, je nach der Wahl der Nebenbedingungen. Allerdings führen nicht alle verschiedenen Systeme von Nebenbedingungen auf eine verschiedene Zuordnung; vielmehr gibt es Systeme, die gegeneinander substituiert werden können, weil sie doch nur dieselbe Zuordnung definieren. Solche Systeme sollen schlechthin dieselben heißen; verschieden sollen nur solche Systeme heißen, die auch auf verschiedene Zuordnungen führen. Andererseits gibt es Systeme, die sich in ihren Forderungen direkt widersprechen. Man braucht dazu nur ein Prinzip und sein Gegenteil in einem System zu vereinigen. Solche explizit widerspruchsvollen Systeme sollen von vornherein ausgeschlossen sein. Für das Beispiel der rationalen Brüche können wir sagen, daß deren Zuordnung zu Punkten der geraden Linie durch verschiedene Systeme von Nebenbedingungen eindeutig gemacht wird. Aber es lassen sich natürlich leicht Systeme angeben, die das nicht erreichen. Man braucht nur in einem System der genannten Klasse ein wesentliches Prinzip wegzulassen, dann hat man ein unvollständiges System, das sicherlich die Eindeutigkeit nicht mehr erreicht.

Für die Erkenntniszuordnung kann man das aber nicht

so einfach schließen. Wäre z. B. das Prinzipiensystem ein unvollständiges, so wäre es leicht durch einige Erfahrungssätze so zu ergänzen, daß ein eindeutiges System entsteht. Vielleicht darf man dahin die Meinung der bisherigen Aprioritätsphilosophie (allerdings kaum die Meinung Kants) deuten, daß es sich in dem evidenten Prinzipiensystem um ein unvollständiges System handelt. Es ist aber bisher nicht der Versuch gemacht worden, das zu beweisen. Zwar steht fest, daß in diesem System keine expliziten Widersprüche enthalten sind. Aber dann kann das System immer noch zu der großen Klasse derjenigen Systeme gehören, die einen impliziten Widerspruch für die Zuordnung ergeben. Da das Kriterium der Eindeutigkeit, die Wahrnehmung, von dem System ganz unabhängig von außen bestimmt ist, so ist es sehr wohl möglich, daß die Widersprüche erst bemerkt werden, wenn das System bis zu einigem Umfang ausgebaut ist. Wir dürfen hier an die nichteuklidischen Geometrieen erinnern, in denen das Parallelenaxiom geändert wird, aber sonst das euklidische System übernommen wird; daß durch das so gewonnene System kein Widerspruch entsteht, läßt sich erst durch den konsequenten Ausbau dieser Geometrie feststellen. Freilich ist gerade das System der Erkenntnis kein mathematisches, und darum kann hier nur der Ausbau einer experimentellen Physik entscheiden. Hier liegt der Grund, warum die Relativitätstheorie, die als rein physikalische Theorie entstanden ist, der Erkenntnistheorie so wichtig wird.

Man hat in der bisherigen Diskussion die Frage gewöhnlich nur für einzelne Prinzipien gestellt. So glaubte man, daß das Kausalprinzip nie auf Widersprüche stoßen könnte, daß die Interpretation der Erfahrungen immer noch genügend Willkür enthielte, um dieses Prinzip festzuhalten. Aber so ist die Frage falsch gestellt. Es handelt sich nicht darum, ob ein einzelnes Prinzip festgehalten werden kann, sondern ob das ganze System der Prinzipien sich immer festhalten läßt. Denn die Erkenntnis fordert ein System, und kann mit einem einzelnen Prinzip nicht auskommen; und auch die Kantische Philosophie hat ein System aufgestellt. Daß man mit einem einzelnen Prinzip immer durchkommen kann, erscheint wahrscheinlich, wenn auch noch keineswegs sicher. Denn ein Prinzip enthält unter Umständen einen Komplex von Gedanken, und ist dann bereits einem System gleichwertig; es ließe sich schwer beweisen, daß ein Prinzip immer einem unvollständigen System äquivalent ist.

Auf jeden Fall müssen wir aber den Zufall ausschließen; denn daß zwischen Wirklichkeit und Vernunft eine prästabilierte Harmonie besteht, darf nicht Voraussetzung einer wissenschaftlichen Erkenntnistheorie werden. Wenn deshalb das Prinzipiensystem der Vernunft zur Klasse der eindeutig bestimmenden Systeme oder zu der der unvollständigen Systeme gehören soll, so darf es keine implizit widerspruchsvollen (überbestimmenden) Systeme für die Erkenntnis geben.

Wir sind damit zu dem Resultat gekommen, daß wir die Geltung der Kantischen Erkenntnislehre von der Geltung einer klar formulierten Hypothese abhängig machen können. Kants Theorie enthält die Hypothese, daß es keine implizit widerspruchsvollen Systeme von Zuordnungsprinzipien für die Erkenntnis der Wirklichkeit gibt. Da diese Hypothese gleichbedeutend ist mit der Aussage, daß man mit jedem beliebigen, explizit widerspruchsfreien System von Zuordnungsprinzipien zu einer eindeutigen Zuordnung von Gleichungen zur Wirklichkeit kommen kann, wollen wir sie als Hypothese der Zuordnungswillkür bezeichnen. Nur wenn sie richtig ist, sind die beiden Bedeutungen des Apriori-Begriffes miteinander vereinbar; denn nur dann sind die konstitutiven Prinzipien unabhängig von der Erfahrung und dürfen apodiktisch, für alle Zeiten gültig, genannt werden. Wir wollen untersuchen, welche Antwort die Relativitätstheorie auf diese Frage gibt.

VI. Widerlegung der Kantischen Voraussetzung durch die Relativitätstheorie.

Wir greifen auf die Resultate der Abschnitte II und III zurück. Dort wurde behauptet, daß die Relativitätstheorie einen Widerspruch bisher apriorer Sätze mit der Erfahrung festgestellt hätte. In welchem Sinne ist dies möglich? Schließt nicht der Kantische Beweis für die unbeschränkte Gültigkeit konstitutiver Prinzipien solchen Widerspruch aus?

Wir haben die Prinzipien, deren Unvereinbarkeit mit der Erfahrung durch die spezielle Relativitätstheorie behauptet wird, auf S. 15 zusammengestellt. Wir haben dort auch bereits ausgeführt, in welchem Sinne die Unvereinbarkeit zu verstehen ist. Hält man an der absoluten Zeit fest, so muß man bei der Extrapolation des Erfahrungsmaterials von dem normalen Verfahren abweichen. Wegen der Dehnbarkeit des Begriffs „normal" ist das in gewissen Grenzen immer möglich; aber es gibt Fälle — und solch einer ist hier verwirklicht — wo die Extrapolation dadurch entschieden anomal wird. Man hat also die Wahl: Hält man an der absoluten Zeit fest, so muß man die normale Induktion verlassen, und umgekehrt. Nur in diesem Sinne kann ein Widerspruch mit der Erfahrung behauptet werden. Aber alle genannten Prinzipien sind apriori im Sinne Kants. Wir dürfen deshalb behaupten, daß die spezielle Relativitätstheorie die Unvereinbarkeit eines Systems apriorer Prinzipien mit der normalen induktiven Deutung des Beobachtungsmaterials nachgewiesen hat.

Für die allgemeine Relativitätstheorie liegen die Verhältnisse im wesentlichen ebenso. Die Prinzipien, die nach ihrer Aussage einen Widerspruch ergeben, sind auf S. 29 zusammengestellt. Diese Zusammenstellung unterscheidet sich nur dadurch von der soeben genannten, daß in ihr außer aprioren Prinzipien noch ein nicht evidentes Prinzip auftritt, das Prinzip der speziellen Relativität. Aber dieses Prinzip ist in sich widerspruchsfrei, und auch ohne expliziten Widerspruch zu den danebengestellten Prinzipien, so daß damit ein explizit widerspruchsfreies System aufgestellt ist, welches mit der normalen induktiven Deutung des Beobachtungsmaterials nicht vereinbar ist. Es kommt aber noch eine Besonderheit hinzu. Das nicht evidente Prinzip ist gerade dasjenige, welches den Vorzug hat, den Widerspruch der genannten ersten Zusammenstellung zu lösen. Es ist also ebenfalls ein ausgezeichnetes System, dessen Widerspruch zur Erfahrung behauptet wird.

Mit diesen Zusammenstellungen ist die Antwort auf die Hypothese der Zuordnungswillkür, von der wir die Geltung der Kantischen Erkenntnislehre abhängig machten, zurückgeschoben auf das Problem der normalen Induktion. Es muß deshalb die Bedeutung dieses Prinzips für die Erkenntnis untersucht werden.

Es ist auch sehr verständlich, daß hier das Induktionsproblem hineinkommen muß. Denn der induktive Schluß ist vor allen anderen durch die Unsicherheit und Dehnbarkeit seiner Resultate ausgezeichnet. Die Hypothese der Zuordnungswillkür erscheint von vornherein sehr unwahrscheinlich; und wenn sie gerechtfertigt werden soll, muß sie auf die Unbestimmtheit in der Wirklichkeitsseite der Zuordnung zurückgehen. Aber diese Unbestimmtheit ist ja gerade der Kernpunkt des Induktionsproblems. Im Induktionsschluß wird eine Aussage gemacht, die über die unmittelbaren Daten der Erfahrung hinausgeht; sie muß gemacht werden, weil die Erfahrung immer nur Daten gibt, und keine Relationen, weil sie nur ein Kriterium für die Eindeutigkeit der Zuordnung liefert, und nicht die Zuordnung selbst. Wir sprachen von der normalen Induktion. Aber ist nicht eine Induktion erst dann normal, wenn sie solche Deutungen von vornherein ausschließt, die den Zuordnungsprinzipien widersprechen? Auf diesem Gedanken beruht der Kantische Beweis für die Unabhängigkeit der Zuordnungsprinzipien von der Erfahrung. Wir halten uns deshalb für die Untersuchung dieser Frage unmittelbar an diesen Beweis.

Kants Beweisgang verläuft folgendermaßen. Jede Erfahrung setzt die Geltung der konstitutiven Prinzipien voraus. Wenn deshalb von Erfahrungsdaten auf Gesetze geschlossen werden soll, so müssen solche Deutungen der Erfahrungsdaten, die den vorausgesetzten Prinzipien widersprechen, von vornherein ausgeschlossen werden. Eine Induktion kann nur dann als normal gelten, wenn ihr dieser Ausschluß vorausgegangen ist. Darum kann kein Erfahrungsresultat die konstitutiven Prinzipien widerlegen.

Die Analyse dieses Beweises läßt sich auf die Beantwortung zweier Fragen zurückführen.

Ist es logisch widersinnig, solche induktiven Deutungen des Erfahrungsmaterials vorzunehmen, die einen Widerspruch zu den Zuordnungsprinzipien darstellen?

Ist es logisch zulässig, vor der induktiven Deutung des Erfahrungsmaterials solche Deutungen auszuschließen, die einem Zuordnungsprinzip widersprechen?

Es sei, um die Terminologie zu fixieren, vorausgeschickt, daß wir in den folgenden Ausführungen unter dem normalen Induktionsverfahren nicht das in jenem Beweisgang entwickelte Verfahren, sondern das allgemein übliche Verfahren der Physik, wie wir es im Abschnitt II geschildert haben, verstehen werden.

Wir beantworten die erste Frage. Warum soll denn solch ein Verfahren logisch widersinnig sein? Indem man feststellt, ob man mit der fortgesetzten Anwendung eines Prinzips und normalem Induktionsverfahren zu einer eindeutigen Zuordnung kommt oder nicht, prüft man das implizierte Prinzip. Das ist ein vielbenutztes Verfahren der Physik: man entwirft eine Theorie, deutet nach ihr die Erfahrungsresultate, und sieht nach, ob man zur Eindeutigkeit kommt. Ist das nicht der Fall, so gibt man die Theorie auf. Dieses Verfahren läßt sich für Zuordnungsprinzipien genau so durchführen. Es schadet gar nichts, daß das zu prüfende Prinzip bereits in sämtlichen zur Induktion verwandten Erfahrungen vorausgesetzt wird. Es ist keineswegs widersinnig, einen Widerspruch des Zuordnungssystems mit der Erfahrung zu behaupten.

Die zweite Frage beantwortet sich schwieriger. Wir wollen aber beweisen, daß ihre Bejahung zum Verzicht auf die Eindeutigkeit der Zuordnung führt.

Wir wollen zunächst zeigen, daß das in der Frage charakterisierte Verfahren, angewandt auf irgend ein Einzelgesetz, der Zuordnung die Eindeutigkeit nimmt. Es seien etwa Messungen zum Boileschen Gesetz ausgeführt, und für das Produkt von Druck und Volumen eine Reihe von Messungsdaten gegeben, die für verschiedene Werte der beiden Veränderlichen aufgenommen sind. Wir wollen fordern, daß eine solche Beurteilung der Messungszahlen stattfindet, die mit einer fingierten Formel $pV^2 = \text{konst.}$ nicht in Widerspruch kommt, und gleichzeitig auch die für die Aufstellung der Messungsdaten benutzten speziellen physikalischen Gesetze nicht verletzt, also z. B. die

Relationen zwischen Druck und Quecksilberhöhe nicht zerstört *). Diese Interpretation der Messungszahlen ist deshalb möglich, weil die Zahlen wegen der Messungsfehler nicht genau gleich sind, und weil sie aus den unendlich vielen verschiedenen möglichen Werten der Variablen immer nur eine Auswahl bedeuten. Das normale Verfahren ist dabei derart, daß man die Zahlen, wenn ihre Abweichungen gering sind, als die durch Messungsfehler leicht variierten Werte einer Konstanten deutet, und daß man für die nicht gemessenen Zwischenwerte und auch noch für ein Stück über die Enden der Messungsreihe hinaus denselben Wert der Konstanten annimmt. Das ist die normale Induktion. Hält man aber an der Formel $pV^2 = \text{konst.}$ dogmatisch fest und schließt jede widersprechende Induktion aus, so wird man die Messungszahlen anders deuten. Man nimmt etwa an, daß für die gemessenen Werte gerade Störungen in der Apparatur eingetreten sind, und indem man besonders widersprechende Werte einfach wegläßt, interpoliert und extrapoliert man die übrigen derart, daß eine mit steigendem Volumen fallende Kurve entsteht. Ein solches Verfahren ist allerdings möglich, wenn es auch der üblichen wissenschaftlichen Methode widerspricht. Es führt nur nicht zu einer eindeutigen Zuordnung. Denn um eine Zuordnung als eindeutig zu konstatieren, muß wegen der stets auftretenden Messungsfehler eine Hypothese über die Streuung der Zahlwerte gemacht werden, und diese Hypothese fordert, daß man eine mittlere stetige Kurve durch die Messungszahlen

---

*) Eine solche Bestimmung muß hinzutreten, weil sonst die konsequente Verfolgung der Forderung zu einer Definition des Volumens führen würde, die unter Volumen die Quadratwurzel aus dem sonst benutzten Wert versteht. Das wäre keine Änderung der Gesetze, sondern nur der Bezeichnungsweise.

legt. Wenn also von einer eindeutigen Zuordnung bei der Ungenauigkeit jeder Meßapparatur überhaupt die Rede sein soll, muß an dem Prinzip der normalen Induktion festgehalten werden [18]).

Diese Verhältnisse werden aber nicht anders, wenn man die Untersuchung auf ein Zuordnungsprinzip erstreckt. Ist ein solches Erfahrungsmaterial zusammengetragen, daß seine induktive Deutung einem Zuordnungsprinzip widerspricht, so darf man deshalb nicht von der normalen Induktion abweichen. Auch in diesem Falle würde man damit die Eindeutigkeit der Zuordnung aufgeben, denn wenn diese Eindeutigkeit überhaupt konstatierbar sein soll, muß die wahrscheinlichkeitstheoretische Annahme über die Messungszahlen gemacht werden. Das Prinzip der normalen Induktion ist vor allen anderen Zuordnungsprinzipien dadurch ausgezeichnet, daß es selbst erst die Eindeutigkeit der Zuordnung definiert. Wenn also an der Eindeutigkeit festgehalten werden soll, so müssen eher alle anderen Zuordnungsprinzipien fallen als das Induktionsprinzip.

Der Kantische Beweis ist also falsch. Es ist durchaus möglich, einen Widerspruch der konstitutiven Prinzipien mit der Erfahrung festzustellen. Und da die Relativitätstheorie diesen Widerspruch mit aller Sicherheit der empirischen Physik nachgewiesen hat, dürfen wir ihre Antwort auf die Kantische Hypothese der Zuordnungswillkür in folgenden Satz zusammenfassen: *Es gibt Systeme von Zuordnungsprinzipien, die die Eindeutigkeit der Zuordnung unmöglich machen, also implizit widerspruchsvolle Systeme.* Wir bemerken nochmals, daß dieses Resultat nicht selbstverständlich ist, sondern erst durch den konsequenten Ausbau einer empirischen Physik möglich wurde. Hat man kein solches

Wissenschaftssystem, so ist die Willkür in der Deutung der wenigen unmittelbaren Erfahrungsresultate viel zu groß, als daß von einem Widerspruch zum Induktionsprinzip gesprochen werden könnte.

Aber die Antwort der Relativitätstheorie hat noch eine ganz besondere Bedeutung. Diese Theorie hat nämlich gezeigt, daß gerade dasjenige Zuordnungssystem, welches durch Evidenz ausgezeichnet ist, einen Widerspruch ergibt; und daß, wenn man diesen Widerspruch durch Verzicht auf eines der evidenten Prinzipien löst, sogleich durch Hinzutreten weiterer evidenter Prinzipien ein zweiter noch tieferer Widerspruch entsteht. Und das hat eine sehr weitgehende Konsequenz. Alle bisherigen Resultate der Physik sind mit dem evidenten System gewonnen. Wir fanden, daß dies den Widerspruch nicht ausschließt, daß er also mit Recht konstatiert werden kann — aber wie sollen wir zu einem neuen System gelangen? Bei Einzelgesetzen ist das sehr leicht, denn man braucht dazu nur diejenigen Voraussetzungen zu ändern, in denen dieses Einzelgesetz enthalten war. Aber wir haben gesehen, daß Zuordnungsprinzipien in jedem Gesetz enthalten sind, und wenn wir neue Zuordnungsprinzipien induktiv prüfen wollen, müßten wir also zuvor jedes benutzte physikalische Gesetz ändern. Denn das wäre in der Tat ein Widersinn, wenn wir neue Prinzipien mit Erfahrungen prüfen wollten, in denen die alten Prinzipien noch vorausgesetzt sind. Wollte man z. B. versuchsweise den Raum als vierdimensional annehmen, so müßte man bei der Prüfung dieser Theorie alle bisher benutzten Methoden der Längenmessung aufgeben, und sie durch eine mit der Vierdimensionalität vereinbare Messung ersetzen. Auch alle Gesetze über das Verhalten des benutzten Materials in der Meßapparatur, über die Geschwindigkeit des Lichts usw. müßten aufgegeben werden. Ein solches Verfahren wäre aber technisch unmöglich. Denn wir können die Physik heute nicht mehr von vorn anfangen.

Wir sind also in einer Zwangslage. Wir geben zu, daß die bisherigen Prinzipien zu einem Widerspruch geführt haben, aber wir sehen uns nicht in der Lage, sie durch neue zu ersetzen.

In dieser Zwangslage zeigt abermals die Relativitätstheorie den Weg. Denn sie hat nicht nur das alte Zuordnungssystem widerlegt, sondern auch ein neues aufgestellt; und das Verfahren, welches Einstein dabei benutzt hat, ist in der Tat eine glänzende Lösung dieses Problems.

Der Widerspruch, der entsteht, wenn man mit dem alten Zuordnungsprinzip Erfahrungen gewinnt und damit ein neues Zuordnungsprinzip beweisen will, fällt unter einer Bedingung fort: wenn das alte Prinzip als eine Näherung für gewisse einfache Fälle angesehen werden kann. Da die Erfahrungen doch nur Näherungsgesetze sind, so dürfen sie mit Hilfe der alten Prinzipien aufgestellt werden; dies schließt nicht aus, daß die Gesamtheit der Erfahrungen induktiv ein allgemeineres Prinzip beweist. Es ist also logisch zulässig und technisch möglich, solche neuen Zuordnungsprinzipien auf induktivem Wege zu finden, die eine stetige Erweiterung der bisher benutzten Prinzipien darstellen. Stetig nennen wir diese Verallgemeinerung, weil das neue Prinzip für gewisse näherungsweise verwirklichte Fälle mit einer der Näherung entsprechenden Genauigkeit in das alte Prinzip übergehen soll. Wir wollen dieses induktive Verfahren als Verfahren der stetigen Erweiterung bezeichnen.

Wir bemerken, daß dies der Weg ist, den die Relativitätstheorie ging. Als Eötvös die Gleichheit von träger und schwerer Masse experimentell bestätigte, mußte er für die Auswertung seiner Beobachtungen die Geltung der euklidischen Geometrie in den Dimensionen seiner Drehwage voraussetzen. Trotzdem konnte das Resultat seiner Induktionen ein Beweis für die Gültigkeit der Riemannschen Geometrie in den Dimensionen der Himmelskörper werden. Die Korrektionen der Relativitätstheorie an der Längen- und Zeitmessung sind alle so bemessen, daß sie für die gewöhnlichen Experimentierbedingungen vernachlässigt werden können. Wenn z. B. der Astronom eine Uhr, mit der er Sternbeobachtungen aufnimmt, von einem Tisch auf den anderen legt, so braucht er deswegen noch nicht die Einsteinsche Zeitkorrektion für bewegte Uhren einzuführen, und kann trotzdem mit dieser Uhr einen Standort des Merkurs feststellen, der eine Verschiebung des Perihels und damit einen Beweis für die Relativitätstheorie bedeutet. Wenn die Relativitätstheorie eine Krümmung der Lichtstrahlen im Gravitationsfeld der Sonne behauptet, so kann die Auswertung der Sternaufnahmen trotzdem die Lichtstrecke innerhalb des Fernrohrs als geradlinig voraussetzen und die Aberrationskorrektion nach der üblichen Methode berechnen. Und das gilt nicht nur für den Schluß von kleinen auf große Dimensionen. Wenn etwa die fortschreitende Theorie dazu kommt, für das Elektron eine starke Raumkrümmung innerhalb seines Kraftfelds zu behaupten, so ließe sich diese Krümmung indirekt mit Apparaten konstatieren, deren Abmessungen innerhalb der gewöhnlichen Größenordnungen liegen und darum als euklidisch angenommen werden können.

Mir scheint, daß dieses Verfahren der stetigen Erweiterung den Kernpunkt für die Widerlegung der Kantischen Aprioritätslehre darstellt. Denn es zeigt nicht nur einen Weg, die alten Prinzipien zu widerlegen, sondern auch einen Weg, neue als berechtigt aufzustellen; und darum ist dieses Verfahren geeignet, nicht nur alle theoretischen, sondern auch alle praktischen Bedenken zu zerstreuen.

Es muß in diesem Zusammenhange bemerkt werden, daß die von uns formulierte Hypothese der Zuordnungswillkür und ihre Widerlegung durch die Erfahrung Kants eigenen Gedanken nicht so fremd ist, wie es zuerst scheinen mag. Kant hatte seine Lehre vom Apriori auf die Möglichkeit der Erkenntnis basiert; aber er war sich wohl bewußt, daß er einen Beweis für diese Möglichkeit nicht geben konnte. Er hielt es nicht für ausgeschlossen, daß Erkenntnis unmöglich wäre, und sah es für einen großen Zufall an, daß die Natur gerade eine solche Einfachheit und Regelmäßigkeit besitzt, daß sie nach den Grundsätzen der menschlichen Vernunft geordnet werden kann. Die begrifflichen Schwierigkeiten, die ihm hier erwuchsen, hat er in der Kritik der Urteilskraft zum Gegenstand der Untersuchung gemacht. „Der Verstand ist zwar apriori im Besitze allgemeiner Gesetze der Natur, ohne welche sie gar kein Gegenstand einer Erfahrung sein könnte, aber er bedarf doch auch überdem noch einer gewissen Ordnung der Natur ... Diese Zusammenstimmung der Natur zu unserem Erkenntnisvermögen wird von der Urteilskraft ... apriori vorausgesetzt, indem sie der Verstand zugleich objektiv als zufällig anerkennt. ... Denn es läßt sich wohl denken, daß es für unseren Verstand unmöglich wäre, in der Natur eine faßliche Ordnung zu entdecken [19]).“ Es erscheint befremdend, daß Kant, nach einer so klaren Einsicht in die Zufälligkeit der Anpassung von Natur und Vernunft, dennoch an seiner starren Theorie des Apriori festgehalten hat. Der

Fall, den er hier vorausgesehen hat, daß es nämlich dem Verstand unmöglich wird, mit seinem mitgebrachten System eine faßliche Ordnung in der Natur herzustellen, ist in der Tat eingetreten: die Relativitätstheorie hat den Nachweis erbracht, daß mit dem evidenten System der Vernunft eine eindeutige Ordnung der Erfahrung nicht mehr möglich ist. Aber während die Relativitätstheorie daraus den Schluß gezogen hat, daß man die konstitutiven Prinzipien ändern muß, glaubte Kant, daß damit jede Erkenntnis überhaupt aufhören würde; er hielt eine solche Änderung für unmöglich, weil wir nur soweit, als jene Zusammenstimmung von Natur und Vernunft stattfindet, „mit dem Gebrauche unseres Verstandes in der Erfahrung fortkommen und Erkenntnis erwerben können". Erst das Kant noch unbekannte Verfahren der stetigen Erweiterung überwindet diese Schwierigkeit, und darum konnte sein starres Apriori erst mit der Entdeckung dieses Verfahrens durch die Physik widerlegt werden.

Wir müssen dieser Auflösung der Kantischen Aprioritätslehre noch einige allgemeine Bemerkungen hinzufügen. Es scheint uns der Fehler Kants zu sein, daß er, der mit der kritischen Frage den tiefsten Sinn aller Erkenntnistheorie aufgezeigt hatte, in ihrer Beantwortung zwei Absichten miteinander verwechselte. Wenn er die Bedingungen der Erkenntnis suchte, so mußte er die Erkenntnis analysieren; aber was er analysierte, war die Vernunft. Er mußte Axiome suchen, anstatt Kategorien. Es ist ja richtig, daß die Art der Erkenntnis durch die Vernunft bestimmt ist; aber worin der Einfluß der Vernunft besteht, kann sich immer nur wieder in der Erkenntnis ausdrücken, nicht in der Vernunft. Es kann auch gar keine logische Analyse der Vernunft geben, denn die Vernunft ist kein System fertiger Sätze, sondern ein Vermögen, das erst in der Anwendung auf konkrete Probleme fruchtbar wird. So wird er durch seine Methode immer wieder auf das Kriterium der Evidenz zurückgewiesen. In seiner Raumphilosophie macht er davon Gebrauch und beruft sich auf die Evidenz der geometrischen Axiome; aber auch für die Geltung der Kategorien hat er im wesentlichen keine anderen Argumente. Zwar versucht er sie als notwendig für die Erkenntnis hinzustellen. Aber daß gerade die von ihm genannten Kategorien notwendig sind, kann er nur dadurch begründen, daß er sie als in unserem vernünftigen Denken enthalten aufweist, daß er sie durch eine Art Anschauung der Begriffe konstatiert. Denn die logische Gliederung der Urteile, der die Kategorientafel entstammt, ist nicht in unmittelbarer Berührung mit dem Erkenntnisvorgang entstanden, sondern bedeutet ein spekulatives Ordnungsschema des Verstandes, das kraft seiner Evidenz für den Erkenntnisvorgang übernommen wird. So erreicht er mit der Aufstellung seiner aprioren Prinzipien im Grunde nichts anderes als eine Heiligsprechung des „gesunden Menschenverstandes", jener naiven Form der Vernunftbejahung, die er selbst gelegentlich mit so nüchtern-geistvollen Worten abzutun weiß.

In diesem Verfahren Kants scheint uns sein methodischer Fehler zu liegen, der es bewirkt hat, daß das großartig angelegte System der kritischen Philosophie nicht zu Resultaten geführt hat, die vor der vorwärtseilenden Naturwissenschaft Bestand haben. So leuchtend die kritische Frage: Wie ist Erkenntnis möglich? vor aller Erkenntnistheorie steht — sie kann nicht eher zu gültigen Antworten führen, als bis die Methode ihrer Beantwortung von der Enge einer psychologisch-spekulativen Einsicht befreit ist.

VII. Beantwortung der kritischen Frage durch die wissenschaftsanalytische Methode.

Die Widerlegung des positiven Teils der Kantischen Erkenntnistheorie enthebt uns nicht der Verpflichtung, den kritischen Teil dieser Lehre in seiner grundsätzlichen Gestalt wieder aufzunehmen. Denn wir hatten gefunden, daß die Frage: Wie ist Erkenntnis möglich? unabhängig von der Kantischen Antwort ihren guten Sinn hat, und wir konnten ihr innerhalb unseres Begriffskreises eine präzise Form geben. Es ist nach der Ablehnung der Kantischen Antwort jetzt unsere Aufgabe, den Weg zur Beantwortung der kritischen Frage aufzuzeigen: Mit welchen Zuordnungsprinzipien ist eine eindeutige Zuordnung von Gleichungen zur Wirklichkeit möglich?

Wir sehen diesen Weg in der Einführung der wissenschaftsanalytischen Methode in die Erkenntnistheorie. Die von den positiven Wissenschaften in stetem Zusammenhang mit der Erfahrung gefundenen Resultate setzen Prinzipien voraus, deren Aufdeckung durch logische Analyse eine Aufgabe der Philosophie ist. Durch den Ausbau der Axiomatik, die seit Hilberts Axiomen der Geometrie den Weg zur Verwendung der modernen mathematisch-logischen Begriffe gefunden hat, ist hier schon wesentliche Arbeit geleistet worden. Und man muß sich darüber klar werden, daß es auch für die Erkenntnistheorie kein anderes Verfahren gibt, als festzustellen, welches die in der Erkenntnis tatsächlich angewandten Prinzipien sind. Der Versuch Kants, diese Prinzipien aus der Vernunft zu entnehmen, muß als gescheitert betrachtet werden; an Stelle seiner deduktiven Methode muß eine induktive Methode treten. Induktiv ist sie insofern, als sie sich lediglich an das positiv vorliegende Erkenntnismaterial hält; aber ihre analysierende Methode ist natürlich nicht mit dem Induktionsschluß zu vergleichen. Um Verwechslungen zu vermeiden, wählen wir deshalb den Namen: wissenschaftsanalytische Methode.

Für ein Spezialgebiet der Physik, für die Wahrscheinlichkeitsrechnung, konnte eine derartige Analyse vom Verfasser bereits durchgeführt werden [20]). Sie führte zur Aufdeckung eines Axioms, das grundsätzliche Bedeutung für die physikalische Erkenntnis besitzt, und als Prinzip der Verteilung neben das Kausalitätsgesetz als Prinzip der Verknüpfung gesetzt wurde. Für die Relativitätstheorie ist diese Arbeit im wesentlichen bereits von ihrem Schöpfer geleistet worden. Denn Einstein hat bei allen seinen Arbeiten die Prinzipien an die Spitze gestellt, aus denen er seine Theorie deduziert. Allerdings ist der Gesichtspunkt, unter dem der Physiker seine Prinzipien aufstellt, noch verschieden von dem Gesichtspunkt des Philosophen. Der Physiker will möglichst einfache und umfassende Annahmen an die Spitze stellen, der Philosoph aber will diese Annahmen ordnen und gliedern in spezielle und allgemeine, in Verknüpfungs- und Zuordnungsprinzipien. Insofern ist auch für die Relativitätstheorie noch eine Arbeit zu leisten; als ein Beitrag dazu mögen die Abschnitte II und III dieser Untersuchung aufgefaßt werden.

Besonders zu beachten ist hier aber der Unterschied zwischen Physik und Mathematik. Der Mathematik ist die Anwendbarkeit ihrer Sätze auf Dinge der Wirklichkeit gleichgültig, und ihre Axiome enthalten lediglich ein

System von Regeln, nach dem ihre Begriffe unter sich verknüpft werden. Die rein mathematische Axiomatik führt überhaupt nicht auf Prinzipien einer Theorie der Naturerkenntnis. Darum konnte auch die Axiomatik der Geometrie gar nichts über das erkenntnistheoretische Raumproblem aussagen. Erst eine physikalische Theorie konnte die Geltungsfrage des euklidischen Raumes beantworten, und gleichzeitig die dem Raum der Naturdinge zugrunde liegenden erkenntnistheoretischen Prinzipien aufdecken. Ganz falsch ist es aber, wenn man daraus, wie z. B. Weyl und auch Haas [21]), wieder den Schluß ziehen will, daß Mathematik und Physik zu einer einzigen Disziplin zusammenwachsen. Die Frage der Geltung von Axiomen für die Wirklichkeit und die Frage nach den möglichen Axiomen sind absolut zu trennen. Das ist ja gerade das Verdienst der Relativitätstheorie, daß sie die Frage der Geltung der Geometrie aus der Mathematik fortgenommen und der Physik überwiesen hat. Wenn man jetzt aus einer allgemeinen Geometrie wieder Sätze aufstellt und behauptet, daß sie Grundlage der Physik sein müßten, so begeht man nur den alten Fehler von neuem. Dieser Einwand muß der Weylschen Verallgemeinerung der Relativitätstheorie [22]) entgegengehalten werden, bei der der Begriff einer feststehenden Länge für einen unendlich kleinen Maßstab überhaupt aufgegeben wird. Allerdings ist eine solche Verallgemeinerung möglich, aber ob sie mit der Wirklichkeit verträglich ist, hängt nicht von ihrer Bedeutung für eine allgemeine Nahegeometrie ab. Darum muß die Weylsche Verallgemeinerung vom Standpunkt einer physikalischen Theorie betrachtet werden, und ihre Kritik erfährt sie allein durch die Erfahrung. Die Physik ist eben keine „geometrische Notwendigkeit"; wer das behauptet, kehrt auf den vorkantischen Standpunkt zurück, wo sie eine vernunftgegebene Notwendigkeit war. Und die Prinzipien der Physik kann ebensowenig eine allgemein-geometrische Überlegung lehren, wie sie die Kantische Analyse der Vernunft lehren konnte, sondern das kann allein eine Analyse der physikalischen Erkenntnis.

Der Begriff des Apriori erfährt durch unsere Überlegungen eine tiefgehende Wandlung. Seine eine Bedeutung, daß der apriorische Satz unabhängig von jeder Erfahrung ewig gelten soll, können wir nach der Ablehnung der Kantischen Vernunftanalyse nicht mehr aufrecht erhalten. Um so wichtiger wird dafür seine andere Bedeutung: daß die aprioren Prinzipien die Erfahrungswelt erst konstituieren. In der Tat kann es kein einziges physikalisches Urteil geben, das über den Stand der bloßen Wahrnehmung hinausgeht, wenn nicht gewisse Voraussetzungen über die Darstellbarkeit des Gegenstandes durch eine Raum-Zeit-Mannigfaltigkeit und seinen funktionellen Zusammenhang mit anderen Gegenständen gemacht werden. Aber daraus darf nicht geschlossen werden, daß die Form dieser Prinzipien von vornherein feststeht und von der Erfahrung unabhängig sei. Unsere Antwort auf die kritische Frage lautet daher: allerdings gibt es apriore Prinzipien, welche die Zuordnung des Erkenntnisvorgangs erst eindeutig machen. Aber es ist uns versagt, diese Prinzipien aus einem immanenten Schema zu deduzieren. Es bleibt uns nichts, als sie in allmählicher wissenschaftsanalytischer Arbeit aufzudecken, und auf die Frage, wie lange ihre spezielle Form Geltung besitzt, zu verzichten.

Denn eine spezielle Formulierung ist es immer nur, was wir auf diese Weise gewinnen. Wir können sofort, wenn wir ein physikalisch benutztes Zuordnungsprinzip aufgedeckt haben, ein allgemeineres angeben, von dem es nur einen Spezialfall bedeutet. Zwar könnte man den Versuch machen, nun das allgemeinere Prinzip apriori im alten Sinne zu nennen und wenigstens von ihm ewige Geltung zu behaupten. Aber das scheitert daran, daß auch für das allgemeinere Prinzip wieder ein übergeordnetes angegeben werden kann, und daß diese Reihe nach oben keine Grenze besitzt. Wir bemerken hier eine Gefahr, der die Erkenntnistheorie leicht verfällt. Als man die dem Kantischen Substanzerhaltungsprinzip widersprechende Veränderung der Masse mit der Geschwindigkeit entdeckt hatte, war es leicht zu sagen: die Masse war eben noch nicht die richtige Substanz, und man muß das Prinzip festhalten und eine neue Konstante suchen. Das war eine Verallgemeinerung, denn Kant hatte gewiß mit der Substanz die Masse gemeint [23]). Aber man ist damit keineswegs sicher, daß man nicht eines Tages auch dieses Prinzip wieder aufgeben muß. Stellt sich etwa heraus, daß es eine im ursprünglichen Sinne als das identische Ding gemeinte Substanz nicht gibt, die sich erhält — und man ist heute im Begriffe, die Bewegung eines Masseteilchens als Wanderung eines Energieknotens ähnlich der Wanderung einer Wasserwelle aufzufassen, so daß man überhaupt nicht von einem substanziell identischen Masseteilchen reden kann — so flüchtet man sich in die noch allgemeinere Behauptung: es muß für jeden Vorgang eine Zahl geben, die konstant bleibt. Damit ist allerdings die Behauptung schon ziemlich leer geworden, denn daß die physikalischen Gleichungen Konstanten enthalten, hat mit dem alten Kantischen Substanzprinzip nur noch sehr wenig zu tun. Trotzdem ist man auch mit dieser Formulierung vor weiteren widersprechenden Erfahrungen nicht sicher. Denn wenn z. B. die sämtlichen Konstanten gegenüber Transformationen der Koordinaten nicht invariant sind, muß man den Gedanken schon wieder verallgemeinern. Man erkennt, daß man mit diesem Verfahren nicht zu präzisierten klaren Prinzipien kommt; will man mit dem Prinzip auch einen Inhalt verbinden, so muß man sich mit der jeweilig hinreichend allgemeinsten Formulierung begnügen. So wollen wir, nach der Niederlage der Kantischen Raumtheorie vor der fortschreitenden Physik, nicht auf die Warte der nächsten Verallgemeinerung steigen und etwa behaupten, daß jede physikalische Raumanschauung unter allen Umständen wenigstens die Riemannsche Ebenheit in den kleinsten Teilen behalten muß, und daß dies nun eine wirklich ewig gültige Aussage sei. Nichts könnte unsere Enkel davor schützen, daß sie eines Tags vor einer Physik stehen, die zu einem Linienelement vom vierten Grade übergegangen ist. Die Weylsche Theorie stellt bereits eine mögliche Erweiterung der Einsteinschen Raumanschauung dar, die, wenn auch physikalisch noch nicht bewiesen, doch auch keineswegs unmöglich ist. Aber auch diese Erweiterung stellt nicht etwa die denkbar allgemeinste Nahegeometrie dar. Man kann hier die Stufenfolge der Erweiterungen sehr schön verfolgen. In der euklidischen Geometrie läßt sich ein Vektor längs einer geschlossenen Kurve parallel mit sich verschieben, so daß er bei der Rückkehr in den Anfangspunkt gleiche Richtung und gleiche Länge hat. In der Einstein-Riemannschen Geometrie hat er nach der Rückkehr nur noch gleiche Länge, aber nicht mehr die alte Richtung. In der Weylschen Theorie hat er dann auch nicht mehr die alte Länge. Man kann aber diese Verallgemeinerung fortsetzen. Reduziert man die geschlossene Kurve auf einen unendlich kleinen Kreis, so verschwinden die Änderungen. Die nächste Stufe der Verallgemeinerung wäre die, daß auch bei der Drehung um sich selbst der Vektor bereits seine Länge geändert hat. Es gibt eben keine allgemeinste Geometrie.

Auch für das Kausalprinzip können wir keine ewige Gültigkeit voraussagen. Wir hatten oben als einen wesentlichen Inhalt dieses Prinzips genannt, daß die Koordinaten in den physikalischen Gleichungen nicht explizit auftreten, daß also gleiche Ursachen an einem anderen Raum-Zeitpunkt dieselbe Wirkung erzeugen. Obgleich diese Eigentümlichkeit durch die Relativitätstheorie um so gesicherter erscheint, weil diese Theorie den Koordinaten allen physikalischen Charakter als realer Dinge genommen hat, ist es möglich, daß eine allgemeinere Relativitätstheorie sie wieder aufgibt. Z. B. ist in der Weylschen Verallgemeinerung die räumliche Länge und die zeitliche Dauer explizit von den Koordinaten abhängig. Trotzdem ließe sich auch hier ein Weg angeben, diese Abhängigkeit nach dem Verfahren der stetigen Erweiterung zu konstatieren. Nach der Weylschen Theorie ist die Frequenz einer Uhr von ihrer Vorgeschichte abhängig. Nimmt man aber im Sinne einer Wahrscheinlichkeitshypothese an, daß sich diese Einflüsse im Durchschnitt ausgleichen, so lassen sich die bisherigen Erfahrungen, nach denen z. B. die Frequenz einer Spektrallinie bei sonst gleichen Umständen auf allen Himmelskörpern gleich ist, als Näherungen erklären. Umgekehrt ließen sich mit Hilfe dieses Näherungsgesetzes solche Fälle nachweisen, wo die Weylsche Theorie einen deutlich bemerkbaren Unterschied erzeugt.

Auch für das vom Verfasser aufgedeckte Prinzip der Wahrscheinlichkeitsfunktion ließe sich eine Verallgemeinerung denken, in der dieses Prinzip als Näherung erscheint. Das Prinzip sagt, daß die Schwankungen einer physikalischen Größe, die durch den Einfluß der stets vorhandenen kleinen störenden Ursachen entstehen, so verteilt sind, daß die Größenwerte sich einer stetigen Häufigkeitsfunktion einfügen. Würde man aber z. B. die Quantentheorie soweit ausbilden, daß man sagt, jede physikalische Größe kann nur Werte annehmen, die ein ganzes Vielfaches einer elementaren Einheit sind, so würde, falls diese Einheit nur klein ist, die stetige Verteilung der Größenwerte für die Dimensionen unserer Meßinstrumente immer noch mit großer Näherung gelten [24]). Wir wollen uns aber hüten, diese Verallgemeinerung hier vorschnell als zutreffend anzunehmen. Die fortschreitende Wissenschaft wird allein zeigen können, in welcher Richtung sich die Verallgemeinerung zu bewegen hat, und erst dadurch das allgemeinere Prinzip vor der Leerheit schützen. Für alle denkbaren Zuordnungsprinzipien gilt der Satz: Zu jedem Prinzip, wie es auch formuliert sein möge, läßt sich ein allgemeineres angeben, für welches das erste einen Spezialfall bedeutet. Dann ist aber nach dem früher geschilderten Verfahren der stetigen Erweiterung, wobei die speziellere Formulierung als Näherung vorausgesetzt wird, eine Prüfung durch die Erfahrung möglich; und über den Ausfall dieser Prüfung läßt sich nichts vorher sagen.

Man könnte noch folgenden Weg zur Rettung einer Aprioritätstheorie im alten Sinne versuchen. Da jede spezielle Formulierung der Zuordnungsprinzipien durch die Erfahrungswissenschaft überholt werden kann, verzichten wir auf den Versuch einer allgemeinsten Formulierung. Aber daß es Prinzipien geben muß, die die eindeutige Zuordnung erst definieren, bleibt doch eine Tatsache, und diese Tatsache wird ewig gelten und könnte apriori im alten Sinne heißen. Ist dies nicht etwa der tiefste Sinn der Kantischen Philosophie?

Wir haben, wenn wir dies behaupten, bereits wieder eine Voraussetzung gemacht, die wir gar nicht beweisen können: nämlich daß die eindeutige Zuordnung immer möglich sein wird. Woher stammt denn die Definition der Erkenntnis als eindeutiger Zuordnung? Aus einer Analyse der bisherigen Erkenntnis. Aber gar nichts kann uns davor bewahren, daß wir eines Tags vor Erfahrungen stehen, die die eindeutige Zuordnung unmöglich machen; genau so, wie uns heute Erfahrungen zeigen, daß wir mit dem euklidischen Raum nicht mehr durchkommen. Die Eindeutigkeitsforderung hat einen ganz bestimmten physikalischen Sinn. Sie besagt nämlich, daß es Konstanten in der Natur gibt; indem wir diese auf mehrere Weisen messen, konstatieren wir die Eindeutigkeit. Jede physikalische Zustandsgröße können wir als Konstante für eine Klasse von Fällen betrachten, und jede Konstante als eine variable Zustandsgröße für eine andere Klasse [25]). Aber woher wissen wir, daß es Konstanten gibt? Zwar ist es sehr bequem, mit Gleichungen zu rechnen, in denen gewisse Größen als Konstanten betrachtet werden dürfen, und dieses Verfahren hängt sicherlich mit der Eigenart der menschlichen Vernunft zusammen, die dadurch zu einem geregelten System kommt. Aber aus all dem folgt nicht, daß es immer so gehen wird. Setzen wir etwa, daß jede physikalische Konstante die Form hat: $C + k\alpha$, wo α sehr klein und k eine ganze Zahl ist; fügen wir dem noch die Wahrscheinlichkeitshypothese hinzu, daß k meistens klein ist, vielleicht zwischen 1 und 10 liegt. Für Konstanten der gewöhnlichen Größenordnung wäre dann das Zusatzglied sehr klein, und die bisherige Auffassung bliebe eine gute Näherung; aber für sehr kleine Konstanten, z. B. in der Größenordnung der Elektronen, könnten wir die Eindeutigkeit nicht mehr behaupten. Konstatieren ließe sich diese Mehrdeutigkeit trotzdem, und zwar nach dem Verfahren der stetigen Erweiterung; denn man brauchte dazu nur Messungen zu benutzen, die mit Konstanten der gewöhnlichen Größenordnung ausgeführt sind, in denen also das alte Gesetz näherungsweise gilt. Bei einer solchen Sachlage könnte man von einer durchgängigen Eindeutigkeit der Zuordnung nicht mehr reden, nur noch von einer näherungsweisen Eindeutigkeit für gewisse Fälle. Auch dadurch, daß man den neuen Ausdruck $C + k\alpha$ einführt, wird die Eindeutigkeit nicht wieder hergestellt. Denn wir hatten oben (Abschnitt IV) als Sinn der Eindeutigkeitsforderung angegeben, daß bei Bestimmung aus verschiedenen Erfahrungsdaten die untersuchte Größe denselben Wert haben muß; anders konnten wir die Eindeutigkeit nicht definieren, weil dies die einzige Form ist, in der sie konstatiert werden kann. In dem Ausdruck $C + k\alpha$ ist aber die Größe k ganz unabhängig von physikalischen Faktoren. Darum können wir die Größe $C + k\alpha$ niemals aus theoretischen Überlegungen und anderen Erfahrungsdaten vorher berechnen, wir können sie nur für jeden Einzelfall nachträglich aus der Beobachtung bestimmen. Da sie also nie als Schnittpunkt zweier Überlegungsketten erscheint, ist damit der Sinn der Eindeutigkeit aufgegeben. Wir hätten, da k auch von den Koordinaten unabhängig sein soll, den Fall vor uns, daß für zwei in allen physikalischen Faktoren gleiche Vorgänge an demselben Orte zu derselben Zeit (dies ist durch kleine Raum-Zeit-Abstände näherungsweise zu verwirklichen), die physikalische Größe $C + k\alpha$ ganz verschiedene Werte annimmt. Unsere Annahme bedeutet also nicht etwa die Einführung einer „individuellen Kausalität", wie wir sie oben beschrieben haben und wie sie z. B. Schlick[26]) als möglich annimmt, bei der die gleiche Ursache an einem andern Raum-Zeitpunkt eine andere Wirkung auslöst, sondern einen wirklichen Verzicht auf die Eindeutigkeit der Zuordnung. Trotzdem ist dies immer noch eine Zuordnung, die durchgeführt werden kann. Sie stellt die nächste Erweiterungsstufe des

Begriffs der eindeutigen Zuordnung dar, verhält sich zu dieser etwa wie der Riemannsche Raum zum euklidischen; und darum ist ihre Einführung in den Erkenntnisbegriff nach dem Verfahren der stetigen Erweiterung durchaus möglich. Erkenntnis heißt dann eben nicht mehr eindeutige Zuordnung, sondern etwas Allgemeineres. Sie verliert auch ihren praktischen Wert nicht, denn wenn z. B. derartige mehrdeutige Konstanten nur bei Einzelgrößen in statistischen Vorgängen auftreten, lassen sich damit sehr exakte Gesetze für den Gesamtvorgang aufstellen. Auch braucht uns die Rücksicht auf praktische Möglichkeiten bei diesen theoretischen Erörterungen nicht zu stören, denn wenn die Resultate erst einmal theoretisch sichergestellt sind, werden sich immer Wege zu ihrer praktischen Verwertung finden lassen.

Vielleicht stehen wir einer derartigen Erweiterung gar nicht so fern, wie es scheinen mag. Wir haben schon früher erwähnt, daß die Eindeutigkeit der Zuordnung gar nicht konstatiert werden kann; sie ist selbst eine begriffliche Fiktion, die nur näherungsweise realisiert wird. Es muß eine Wahrscheinlichkeitshypothese als Zuordnungsprinzip hinzutreten; diese definiert erst, wann die Messungszahlen als Werte derselben Größe anzusehen sind, bestimmt also erst das, was physikalisch als Eindeutigkeit benutzt wird. Wenn aber doch schon eine Wahrscheinlichkeitshypothese dazu benutzt werden muß, dann kann sie auch eine andere Form haben, als gerade die Eindeutigkeit zu definieren. Wir mußten deshalb für die geschilderte Erweiterung des Konstantenbegriffs eine Wahrscheinlichkeitsannahme hinzunehmen; diese trägt an Stelle des Eindeutigkeitsbegriffs die Bestimmtheit in die Definition hinein. Vielleicht liegen in gewissen Annahmen der

Quantentheorie bereits die Ansätze zu einer solchen Erweiterung des Zuordnungsbegriffs [27]).

Wir haben für den Beweisgang, der zur Ablehnung der Kantischen Hypothese der Zuordnungswillkür führte, den Begriff der eindeutigen Zuordnung benutzen müssen. Aber wenn wir ihn jetzt selbst in Frage stellen, so verlieren deshalb unsere Überlegungen noch nicht die Gültigkeit. Denn vorläufig gilt dieser Begriff, und wir können nichts anderes tun, als die Prinzipien der bisherigen Erkenntnis benutzen. Auch fürchten wir uns nicht vor der nächsten Erweiterung dieses Begriffs, denn wir wissen, daß diese stetig erfolgen muß, und darum wird der alte Begriff als Näherung weiter gelten und einen hinreichenden Beweis unserer Ansichten immer noch vollziehen. Außerdem haben wir für unseren Beweis nicht unmittelbar den Eindeutigkeitsbegriff, sondern bereits seine Definiertheit durch eine Wahrscheinlichkeitsfunktion benutzt; es ist leicht einzusehen, daß sich unser Beweis mit einer materiell anderen Wahrscheinlichkeitsannahme ebenso führen ließe. Freilich kann die Methode der stetigen Erweiterung schließlich zu recht entfernten Prinzipien führen und die näherungsweise Geltung unseres Beweises in Frage ziehen — aber wir sind auch weit davon entfernt, zu behaupten, daß unsere Resultate nun ewig gelten sollen, nachdem wir soeben alle erkenntnistheoretischen Aussagen als induktiv nachgewiesen haben.

Geben wir also die Eindeutigkeit als absolute Forderung auf und nennen sie ebenso ein Zuordnungsprinzip wie alle anderen, das durch die Analyse des Erkenntnisbegriffs gewonnen und durch die Möglichkeit der Erkenntnis induktiv bestätigt wird. Dann bleibt noch die Frage: Ist nicht der Begriff der Zuordnung überhaupt jenes allgemeinste Prinzip, das von der Erfahrung unberührt vor aller Erkenntnis steht?

Diese Frage verschiebt das Problem nur von den mathematisch klaren Begriffen in die weniger deutlichen. Es liegt in der Begrenztheit unseres Sprachschatzes begründet, daß wir zur Schilderung des Erkenntnisvorgangs den Begriff der Zuordnung einführten; wir benutzten damit eine mengentheoretische Analogie. Vorläufig scheint uns Zuordnung der allgemeinste Begriff zu sein, der das Verhältnis zwischen Begriffen und Wirklichkeit beschreibt. Es ist aber durchaus möglich, daß eines Tags für dies Verhältnis ein allgemeinerer Begriff gefunden wird, für den unser Zuordnungsbegriff nur eine Spezialisierung bedeutet. Es gibt keine allgemeinsten Begriffe.

Man muß sich daran gewöhnen, daß erkenntnistheoretische Aussagen auch dann einen guten Sinn haben, wenn sie keine Prophezeihungen für die Ewigkeit bedeuten. Alle Aussagen über eine Zeitdauer tragen induktiven Charakter. Allerdings will jeder wissenschaftliche Satz eine Geltung nicht nur für die Gegenwart, sondern auch noch für die zukünftigen Erfahrungen beanspruchen. Aber das ist nur in dem Sinne möglich, wie man eine Kurve über das Ende einer gemessenen Punktreihe hinaus extrapoliert. Die Geltung ins Endlose zu verlängern, wäre sinnlos.

Wir müssen hier eine grundsätzliche Bemerkung zu unserer Auffassung der Erkenntnistheorie machen. Es soll, wenn wir die Kantische Analyse der Vernunft ablehnen, nicht bestritten werden, daß die Erfahrung vernunftmäßige Elemente enthält. Vielmehr sind gerade die Zuordnungsprinzipien durch die Natur der Vernunft bestimmt, die Erfahrung vollzieht nur die Auswahl unter allen denkbaren Prinzipien. Es soll nur bestritten werden, daß sich die Vernunftkomponente der Erkenntnis unabhängig von der Erfahrung erhält. Die Zuordnungsprinzipien bedeuten die Vernunftkomponente der Erfahrungswissenschaft in ihrem jeweiligen Stand. Darin liegt ihre grundsätzliche Bedeutung, und darin unterscheiden sie sich von jedem Einzelgesetz, auch dem allgemeinsten. Denn das Einzelgesetz stellt nur eine Anwendung derjenigen begrifflichen Methoden dar, die im Zuordnungsprinzip festgelegt sind; durch die prinzipiellen Methoden allein wird definiert, wie sich Erkenntnis eines Gegenstandes begrifflich vollzieht. Jede Änderung in den Zuordnungsprinzipien bringt deshalb eine Änderung des Begriffs vom Ding und Geschehen, vom Gegenstand der Erkenntnis, mit sich. Während eine Änderung in den Einzelgesetzen nur eine Änderung in den Relationen der Einzeldinge erzeugt, bedeutet die fortschreitende Verallgemeinerung der Zuordnungsprinzipien eine Entwicklung des Gegenstandsbegriffs in der Physik. Und darin unterscheidet sich unsere Auffassung von der Kantischen: während bei Kant nur die Bestimmung des Einzelbegriffs eine unendliche Aufgabe ist, soll hier die Ansicht vertreten werden, daß auch unsere Begriffe vom Gegenstand der Wissenschaft überhaupt, vom Realen und seiner Bestimmbarkeit, nur einer allmählich fortschreitenden Präzisierung entgegengehen können.

Es soll im folgenden Abschnitt der Versuch gemacht werden, zu zeigen, wie die Relativitätstheorie diese Begriffe verschoben hat, denn sie ist eine Theorie der veränderten Zuordnungsprinzipien, und sie hat in der Tat zu einem neuen Gegenstandsbegriff geführt. Aber wir können aus dieser physikalischen Theorie noch eine andere Lehre für die Erkenntnistheorie ziehen. Wenn das Zuordnungssystem in seinen begrifflichen Relationen durch die Vernunft, in der Auswahl seiner Zusammensetzung aber durch die Erfahrung bestimmt ist, so drückt sich in seiner Gesamtheit ebensosehr die Natur der Vernunft wie die Natur des Realen aus; und darum ist auch der Begriff des physikalischen Gegenstandes ebensosehr durch die Vernunft wie durch das Reale bestimmt, das er begrifflich formulieren will. Man kann deshalb nicht, wie Kant glaubte, im Gegenstandsbegriff eine Komponente abtrennen, die von der Vernunft als notwendig hingestellt wird; denn welche Elemente notwendig sind, entscheidet gerade die Erfahrung. Daß der Gegenstandsbegriff seinen einen Ursprung in der Vernunft hat, kann vielmehr nur darin zur Geltung kommen, daß Elemente in ihm enthalten sind, für die keine Auswahl vorgeschrieben ist, die also von der Natur des Realen unabhängig sind; in der Beliebigkeit dieser Elemente zeigt sich, daß sie lediglich der Natur der Vernunft ihr Auftreten im Erkenntnisbegriff verdanken. Nicht darin drückt sich der Anteil der Vernunft aus, daß es unveränderte Elemente des Zuordnungssystems gibt, sondern darin, daß willkürliche Elemente im System auftreten. Damit ändert sich allerdings die Formulierung dieses Vernunftanteils wesentlich gegenüber der Kantischen; aber gerade dafür hat die Relativitätstheorie eine Darstellungsweise gefunden.

Wir hatten oben die Hypothese der Zuordnungswillkür formuliert, und die Antwort gefunden, daß es implizit widerspruchsvolle Systeme gibt; aber das soll nicht heißen, daß nur ein einziges System von Zuordnungsprinzipien da ist, welches die Zuordnung eindeutig macht. Vielmehr gibt es mehrere Systeme. Die Tatsache der Gleichberechtigung drückt sich dabei in der Existenz von Transformationsformeln aus, die den Übergang von einem System aufs andere vollziehen; man kann da nicht sagen, daß ein System dadurch ausgezeichnet sei, daß es der Wirklichkeit im besonderen Maße angepaßt wäre, denn das einzige

Kriterium dieser Anpassung, die Eindeutigkeit der Zuordnung, besitzen sie ja alle. Für die Transformation muß angegeben werden, welche Prinzipien beliebig wählbar sind, also die unabhängigen Variablen darstellen, und welche sich, den abhängigen Variablen entsprechend, dabei nach den Transformationsformeln ändern. So lehrt die Relativitätstheorie, daß die vier Raum-Zeit-Koordinaten beliebig wählbar sind, daß aber die zehn metrischen Funktionen $g_{\mu\nu}$ nicht beliebig angenommen werden dürfen, sondern für jede Koordinatenwahl ganz bestimmte Werte haben. Durch dieses Verfahren werden die subjektiven Elemente der Erkenntnis ausgeschaltet, und ihr objektiver Sinn wird unabhängig von den speziellen Zuordnungsprinzipien formuliert. Aber wie die Invarianz gegenüber den Transformationen den objektiven Gehalt der Wirklichkeit charakterisiert, drückt sich in der Beliebigkeit der zulässigen Systeme die Struktur der Vernunft aus. So ist es offenbar nicht in dem Charakter der Wirklichkeit begründet, daß wir sie durch Koordinaten beschreiben, sondern dies ist die subjektive Form, die es unserer Vernunft erst möglich macht, die Beschreibung zu vollziehen. Andererseits liegt aber den metrischen Verhältnissen in der Natur eine Eigenschaft zugrunde, die unseren Aussagen hierüber bestimmte Grenzen vorschreibt. Was Kant in der Idealität von Raum und Zeit behauptete, ist durch die Relativität der Koordinaten erst exakt formuliert worden. Aber wir bemerken auch, daß er damit zuviel behauptet hatte, denn die von der menschlichen Anschauung vorgegebene Metrik des Raums gehört gerade nicht zu den zulässigen Systemen. Wäre die Metrik eine rein subjektive Angelegenheit, so müßte sich auch die euklidische Metrik für die Physik eignen; dann müßten alle zehn Funktionen $g_{\mu\nu}$ beliebig wählbar sein. Aber die Relativitätstheorie lehrt, daß sie es nur insofern ist, als sie von der Beliebigkeit der Koordinatenwahl abhängt, und daß sie von diesen unabhängig eine objektive Eigenschaft der Wirklichkeit beschreibt. Was an der Metrik subjektiv ist, drückt sich in der Relativität der metrischen Koeffizienten für das Punktgebiet aus, und diese ist erst die Folge der empirisch beobachteten Gleichheit von träger und schwerer Masse. Es war eben der Fehler der Kantischen Methode, über die subjektiven Elemente der Physik Aussagen zu machen, die an der Erfahrung nicht geprüft waren. Erst jetzt, nachdem die empirische Physik die Relativität der Koordinaten bestätigt hat, dürfen wir die Idealität des Raumes und der Zeit, insofern sie sich als Beliebigkeit der Koordinatenwahl ausdrückt, als bewiesen ansehen. Allerdings ist diese Frage noch keineswegs abgeschlossen. Wenn sich z. B. die Weylsche Verallgemeinerung als richtig herausstellen sollte, so ist wieder ein neues subjektives Element in der Metrik aufgewiesen. Dann enthält auch der Vergleich zweier kleiner Maßstäbe an verschiedenen Punkten des Raumes keine objektive Relation mehr, die er bei Einstein trotz der Abhängigkeit des gemessenen Verhältnisses von der Koordinatenwahl immer noch enthält, sondern er ist nur noch eine subjektive Form der Beschreibungsweise, der Stellung der Koordinaten vergleichbar. Und wir bemerken, daß es ganz entsprechend der Veränderlichkeit des Gegenstandsbegriffs ein abschließendes Urteil über den Anteil der Vernunft an der Erkenntnis nicht gibt, sondern nur eine stufenweise fortschreitende Bestimmung, und daß die Formulierung der Erkenntnisse darüber nicht in so unbestimmten Aussagen wie Idealität des Raumes vollzogen werden kann, sondern nur in der Aufstellung mathematischer Prinzipien.

Das Verfahren, durch Transformationsformeln den objektiven Sinn einer physikalischen Aussage von der subjektiven Form der Beschreibung zu eliminieren, ist, indem es indirekt diese subjektive Form charakterisiert, an Stelle der Kantischen Analyse der Vernunft getreten. Es ist allerdings ein sehr viel komplizierteres Verfahren als Kants Versuch einer direkten Formulierung, und die Kantische Kategorientafel muß neben dem modernen invariantentheoretischen Verfahren primitiv erscheinen. Aber indem es die Erkenntnis von der Struktur der Vernunft befreit, lehrt es, diese zu schildern; das ist der einzige Weg, der uns Einblicke in die Erkenntnisfunktion unserer eignen Vernunft gestattet.

VIII. Der Erkenntnisbegriff der Relativitätstheorie als Beispiel der Entwicklung des Gegenstandsbegriffes.

Wenn wir zu dem Resultat kommen, daß die aprioren Prinzipien der Erkenntnis nur auf induktivem Wege bestimmbar sind, und jederzeit durch Erfahrungen bestätigt oder widerlegt werden können, so bedeutet das allerdings einen Bruch mit der bisherigen kritischen Philosophie. Aber wir wollen zeigen, daß sich diese Auffassung ebensosehr von der empiristischen Philosophie unterscheidet, die glaubt, alle wissenschaftlichen Sätze in einerlei Weise mit der Bemerkung „alles ist Erfahrung" abtun zu können. Diese Philosophie hat den großen Unterschied nicht gesehen, der zwischen physikalischen Einzelgesetzen und Zuordnungsprinzipien besteht, und sie ahnt nicht, daß die letzteren für den logischen Aufbau der Erkenntnis eine ganz andere Stellung haben als die ersteren. In diese Erkenntnis hat sich die Lehre vom Apriori verwandelt: daß der logische Aufbau der Erkenntnis durch eine besondere Klasse von Prinzipien bestimmt wird, und daß eben diese logische Funktion der Klasse eine Sonderstellung gibt, deren Bedeutung mit der Art der Entdeckung dieser Prinzipien und ihrer Geltungsdauer nichts zu tun hat.

Wir sehen keinen besseren Weg, diese Sonderstellung zu veranschaulichen, als indem wir die Veränderung des Gegenstandsbegriffs beschreiben, die mit der Änderung der Zuordnungsprinzipien durch die Relativitätstheorie vollzogen wurde.

Die Physik gelangt zu quantitativen Aussagen, indem sie den Einfluß physikalischer Faktoren auf Längen- und Zeitbestimmungen untersucht; die Messung von Längen und Zeiten ist der Ausgangspunkt aller ihrer Quantitätsbestimmungen. So konstatiert sie das Auftreten von Gravitationskräften an der Zeit, die ein frei fallender Körper für das Durchlaufen einzelner Wegstrecken braucht, oder sie mißt eine Temperaturerhöhung durch die veränderte Länge eines Quecksilberfadens. Dazu muß definiert sein, was eine Längen- oder Zeitstrecke ist; die Physik versteht darunter die Verhältniszahl, welche die zu messende Strecke mit einer als Einheit festgesetzten gleichartigen Strecke verbindet. Jedoch benutzte die alte Physik dabei noch eine wesentliche Voraussetzung: daß Längen und Zeiten voneinander unabhängig sind, daß die für ein System definierte synchrone Zeit keinerlei Einfluß hat auf die Ergebnisse der Längenmessung. Um von den gemessenen Längen zu verbindenden Relationen zu kommen, muß ferner noch ein System von Regeln für die Verbindung von Längen gegeben sein; dazu dienten in der alten Physik die Sätze der euklidischen Geometrie. Denken wir uns etwa eine rotierende Kugel; sie erfährt nach der Newtonschen Theorie eine Abplattung. Der Einfluß der Rotation, also einer physikalischen Ursache, macht sich in der Änderung der geometrischen Dimensionen geltend. Trotzdem wird dadurch an den Regeln der Verbindung der Längen nichts geändert; so gilt auch auf der abgeplatteten Kugel der Satz, daß das Verhältnis aus Umfang und Durchmesser eines Kreises (z. B. eines Breitenkreises) gleich π ist, oder der Satz, daß bei genügender Kleinheit ein Bogenstück zu den Koordinatendifferentialen in der pythagoräischen Beziehung steht (und zwar bei ganz beliebig gewählten orthogonalen Koordinaten für alle kleinen Bogenstücke). Derartige Voraussetzungen mußte die Physik machen, wenn sie überhaupt Änderungen von Längen und Zeiten messen wollte. Es war eine notwendige Eigenschaft des physikalischen Körpers, daß er sich diesen allgemeinen Relationen fügte; nur unter dieser Voraussetzung konnte ein Etwas als physikalisches Ding gedacht werden, und quantitative Erkenntnis gewinnen, hieß weiter nichts, als diese allgemeinen Regeln auf die Wirklichkeit anwenden und nach ihnen die Messungszahlen in ein System ordnen. Diese Regeln gehörten zum Gegenstandsbegriff der Physik.

Als die Relativitätstheorie diese Auffassung änderte, entstanden ernste begriffliche Schwierigkeiten. Denn diese Theorie lehrte, daß die gemessenen Längen und Zeiten keine absolute Geltung besitzen, sondern noch ein akzidentelles Moment enthalten: das gewählte Bezugssystem, und daß ein bewegter Körper gegenüber dem ruhenden eine Verkürzung erfährt. Man sah darin einen Widerspruch zum Kausalitätsprinzip, denn man konnte keine Ursache für diese Verkürzung angeben; man stand plötzlich vor einer physikalischen Veränderung, für deren Verursachung alle Vorstellungen von durch die Bewegung erzeugten Kräften versagten. Noch in allerletzter Zeit hat Helge Holst [28]) den Versuch gemacht, das Kausalprinzip dadurch zu retten, daß er entgegen der Einsteinschen Relativität ein bevorzugtes Koordinatensystem aufzeigt, in dem die gemessenen Größen allein einen objektiven Sinn haben sollen, während die Lorentzverkürzung als verursacht durch die Bewegung relativ zu diesem System erscheint. Die Einsteinsche Relativität erscheint dabei als eine elegante Transformationsmöglichkeit, die auf einem großen Zufall der Natur beruht.

Wir müssen bemerken, daß die scheinbare Schwierigkeit nicht durch die Aufrechterhaltung der Kausalforderung entsteht, sondern durch die Aufrechterhaltung eines Gegenstandsbegriffs, den die Relativitätstheorie bereits überwunden hatte. Für die Längenverkürzung ist eine konstatierbare Ursache vorhanden: die Relativbewegung der beiden Körper. Allerdings kann man, je nachdem man das Bezugssystem mit dem einen oder dem anderen Körper ruhen läßt, sowohl den einen wie den anderen als kürzer bezeichnen. Wenn man aber darin einen Widerspruch zum Kausalprinzip sieht, weil dieses fordern müßte, welcher der Körper die Verkürzung „wirklich" erfährt, so setzt man damit voraus, daß die Länge eine absolute Eigenschaft des Körpers ist; aber Einstein hatte gerade gezeigt, daß die Länge nur in bezug auf ein bestimmtes Koordinatensystem überhaupt eine definierte Größe ist. Zwischen einem bewegten Körper und einem Maßstab (der natürlich ebenfalls als Körper gedacht werden muß) besteht eine Relation, aber diese drückt sich je nach dem gewählten Bezugssystem bald als Ruhlänge, bald als Lorentzverkürzung oder -verlängerung aus. Das, was wir als Länge messen, ist nicht die Relation zwischen den Körpern, sondern nur ihre Projektion in ein Koordinatensystem. Allerdings können wir sie formulieren nur in der Sprache eines Koordinatensystems, aber indem wir gleichzeitig die Transformationsformeln auf jedes andere System angeben, erhält unsere Aussage einen unabhängigen Sinn. Darin besteht die neue Methode der Relativitätstheorie: daß sie durch die Angabe der Transformationsformeln den subjektiven Aussagen einen objektiven Sinn verleiht. Damit verschiebt sie den Begriff der realen Relation. Konstatierbar, und darum auch objektiv zu nennen, ist immer nur die in irgend einem System gemessene Länge. Aber sie ist nur ein Ausdruck der realen Relation.

Das, was früher als geometrische Länge angesehen wurde, ist keine absolute Eigenschaft des Körpers, sondern gleichsam nur eine Spiegelung der zugrundeliegenden Eigenschaft in die Darstellung eines einzigen Koordinatensystems. Das soll keine Versetzung des Realen in ein Ding an sich bedeuten, denn wir können ja die reale Relation eindeutig formulieren, indem wir die Länge in einem Koordinatensystem und außerdem die Transformationsformeln angeben; aber wir müssen uns daran gewöhnen, daß man die reale Relation nicht einfach als eine Verhältniszahl formulieren kann.

Wir bemerken die Veränderung des Gegenstandsbegriffs: was früher eine Eigenschaft des Dinges war, wird jetzt zu einer Resultierenden aus Ding und Bezugssystem; nur indem wir die Transformationsformeln angeben, eliminieren wir den Einfluß des Bezugssystems, und allein auf diesem Wege kommen wir zu einer Bestimmung des Realen.

Bedeutet insofern der Einsteinsche Längenbegriff eine Verengerung, weil er nur eine Seite der zugrundeliegenden realen Relation formuliert, so erhält er doch im anderen Sinne durch die Relativitätstheorie eine wesentliche Erweiterung. Denn weil der Bewegungszustand der Körper ihre reale Länge ändert, wird die Länge umgekehrt zu einem Ausdruck dieses Bewegungszustandes. Anstatt zu sagen: die zwei Körper bewegen sich gegeneinander, kann ich auch sagen: der eine erfährt, vom anderen gesehen, eine Lorentzverkürzung. Beide Aussagen sind nur ein verschiedener Ausdruck für ein und dieselbe zugrundeliegende Tatsache. Und wir bemerken wieder, daß sich eine physikalische Tatsache nicht immer durch eine einfache kinematische Aussage ausdrücken läßt, sondern erst durch zwei verschiedene Aussagen und ihre Transformation ineinander hinreichend beschrieben wird.

Diese erweiterte Funktion der Metrik, die sie zur Charakterisierung eines physikalischen Zustandes macht, ist in der allgemeinen Relativitätstheorie in noch viel höherem Grade ausgebildet worden. Nach dieser Theorie führt nicht nur die gleichförmige, sondern auch die beschleunigte Bewegung zur Änderung der metrischen Verhältnisse, und deshalb läßt sich umgekehrt auch der Zustand der beschleunigten Bewegung durch metrische Aussagen charakterisieren. Aber das führt zu Konsequenzen, die die spezielle Relativitätstheorie noch nicht ahnen ließ. Denn die beschleunigte Bewegung ist mit dem Auftreten von Gravitationskräften verbunden, und deshalb wird nach dieser Erweiterung auch das Auftreten physikalischer Kräfte durch eine metrische Aussage ausgedrückt. Der Begriff der Kraft, der der alten Physik so viel logische Schwierigkeiten gemacht hatte, erscheint plötzlich in ganz neuem Licht: er ist nur die eine anthropomorphe Seite eines realen Zustands, dessen andere Seite eine spezielle Form der Metrik ist. Allerdings läßt sich bei einer solchen Erweiterung der metrischen Funktion ihre einfache euklidische Form nicht mehr aufrecht erhalten, und nur die Riemannsche analytische Metrik ist imstande, solchen Umfang der Bedeutung in sich aufzunehmen. Anstatt zu sagen: ein Himmelskörper nähert sich einem Gravitationsfeld, kann ich auch sagen: die metrischen Dimensionen dieses Körpers werden krumm. Wir sind gewöhnt, das Auftreten von Kräften an dem Widerstande zu spüren, den sie der Bewegung entgegensetzen. Wir können ebensogut sagen: das Reale, was wir auch Kraftfeld nennen, drückt sich in der Tatsache aus, daß die geradlinige Bewegung unmöglich ist. Denn das ist ja der Sinn der

Einstein-Riemannschen Raumkrümmung, daß sie die Existenz von geraden Linien unmöglich macht. Das „unmöglich" ist hier nicht technisch aufzufassen, etwa so, als ob nur jede technische Realisierung einer geraden Linie durch physikalische Stäbe unmöglich wäre, sondern begrifflich; auch die gedachte gerade Linie ist im Riemannschen Raum unmöglich. In seiner Anwendung auf die Physik bedeutet dies, daß es keinen Sinn hat, nach der Annäherung einer geraden Linie durch physikalische Stäbe zu suchen; auch die Annäherung ist unmöglich. Auch die alte Physik führt zu dem Resultat, daß ein Himmelskörper, der in ein Gravitationsfeld eintritt, eine krummlinige Bahn annimmt. Aber die Relativitätstheorie behauptet vielmehr: daß es überhaupt keinen Sinn hat, in einem Gravitationsfeld von geraden Bahnen zu sprechen. Ihre Aussage ist physikalisch von der alten Auffassung durchaus verschieden. Die Bahn der Einsteinschen Theorie verhält sich zur Newtonschen Bahn wie eine Raumkurve zu einer ebenen Kurve, die Einsteinsche Krümmung ist von höherer Ordnung als die Newtonsche. Daß eine so tiefe Änderung der Metrik erfolgen mußte, hängt mit der Erweiterung ihrer Bedeutung zusammen, die sie zum Ausdruck eines physikalischen Zustands macht.

Die alte Auffassung, daß die metrischen Verhältnisse eines Körpers — die Art, wie sich seine Größe und Länge, der Winkel seiner Kanten, die Krümmung seiner Flächen aus Messungsdaten berechnen — von der Natur unabhängig seien, läßt sich nicht mehr aufrecht erhalten. Diese metrischen Regeln sind abhängig geworden von der gesamten umgebenden Körperwelt. Was man früher ein Rechenverfahren der Vernunft genannt hatte, ist jetzt eine spezielle Eigenschaft des Dinges und seiner Einbettung in die Gesamtheit der Körper. *Die Metrik ist kein Zuordnungsaxiom mehr, sondern ein Verknüpfungsaxiom geworden.* Darin liegt eine noch viel tiefere Verschiebung des Begriffs vom Realen, als sie die spezielle Relativitätstheorie gelehrt hatte. Wir sind gewöhnt, die Materie aufzufassen als etwas Hartes, Festes, das wir mit dem Tastsinn als Widerstand fühlen. Auf diesem Begriff der Materie beruhen alle Theorien einer mechanischen Welterklärung, und es ist bezeichnend, daß in ihnen immer wieder der Versuch gemacht wurde, den Zusammenstoß fester Körper als Urbild jeder Kraftwirkung durchzuführen. Man muß mit diesem Vorbild endgültig gebrochen haben, wenn man den Sinn der Relativitätstheorie erfassen will. Was der Physiker seinen Beobachtungen zugrunde legt, sind Messungen von Längen und Zeiten, und keine Tastwiderstände. Darum kann sich auch nur in der Längen- und Zeitmessung die Anwesenheit von Materie ausdrücken. Daß etwas Reales, eine Substanz, da ist, drückt sich physikalisch in der speziellen Form der Verbindung dieser Längen und Zeiten, in der Metrik aus; real ist das, was durch die Raumkrümmung beschrieben wird. Und wir bemerken abermals eine neue Methode der Beschreibung: das Reale wird nicht mehr durch ein *Ding* beschrieben, sondern durch eine Reihe von Relationen zwischen den geometrischen Dimensionen. Gewiß enthält die Metrik noch ein subjektives Element, und je nach der Wahl des Bezugssystems werden auch die metrischen Koeffizienten verschieden sein; diese Unbestimmtheit gilt auch noch im Gravitationsfeld. Aber es bestehen Abhängigkeitsrelationen zwischen den metrischen Koeffizienten, und wenn man 4 von ihnen für den ganzen Raum beliebig vorgibt, sind die anderen 6 durch Transformationsformeln bestimmt. In dieser einschränkenden Bedingung drückt sich die Anwesenheit von Materie aus; dies ist die begriffliche Form, das materiell Seiende zu definieren. Im leeren Raum würden die einschränkenden Bedingungen fortfallen; aber damit wird auch die Metrik unbestimmt; es hat keinen Sinn, von Längenbeziehungen im leeren Raum zu reden. Nur die Körper haben Längen und Breiten und Höhen — aber dann muß sich in den metrischen Verhältnissen auch der Zustand der Körper ausdrücken.

Damit ist der alte auch noch von Kant benutzte Begriff der Substanz aufgegeben, nach dem die Substanz ein metaphysischer Urgrund der Dinge war, von dem man immer nur die Veränderungen beobachten konnte. Zwischen dem Ausspruch des Thales von Milet, daß das Wasser der Urgrund aller Dinge sei, und diesem alten Substanzbegriff besteht erkenntnistheoretisch genommen gar kein Unterschied, nur daß an Stelle des Wassers eine spätere Physik den Wasserstoff oder das Heliumatom oder das Elektron setzte. Die fortschreitenden physikalischen Entdeckungen konnten nicht den erkenntnistheoretischen Begriff, nur seine spezielle Ausfüllung ändern. Erst die Einsteinsche Änderung der Zuordnungsprinzipien ging auf den Begriff des Seienden. An diese Theorie darf man nicht mit der Frage herantreten: Welches ist denn nun eigentlich das Seiende? Ist es das Elektron? Ist es die Strahlung? Diese Fragestellung schließt den alten Substanzbegriff ein, und erwartet nur seine neue Ausfüllung. Daß etwas ist, drückt sich in den Abhängigkeitsrelationen zwischen den metrischen Koeffizienten aus; da wir diese durch Messung feststellen können — und nur deswegen — ist das Seiende für uns konstatierbar. Daß die Metrik viel mehr ist als eine mathematische Ausmessung der Körper, daß sie die Form ist, den Körper als Element in der materiellen Welt zu beschreiben — das ist der Sinn der allgemeinen Relativitätstheorie*).

Es ist nur eine Konsequenz dieser Auffassung, wenn die Grenzen zwischen materiellem Körper und Umgebung nicht scharf definiert sind. Der Raum ist ausgefüllt von dem Feld, das seine Metrik bestimmt; es sind nur Verdichtungen dieses Feldes, was wir bisher als Materie bezeichneten. Es hat keinen Sinn, von einer Wanderung materieller Teile als einem Transport von Dingen zu reden; was stattfindet, ist ein fortschreitender Verdichtungsprozeß, der eher der Wanderung einer Wasserwelle verglichen werden muß **). Der Begriff des Einzeldings verliert jede Bestimmtheit. Man kann beliebig abgegrenzte Gebiete des Feldes herausgreifend betrachten, aber sie sind nicht anders zu charakterisieren als durch die speziellen Werte

*) Es ist kein Widerspruch hierzu, wenn in der physikalischen Praxis immer noch der alte Substanzbegriff benutzt wird. Neuerdings hat Rutherford eine Theorie entwickelt, in der er über den Zerfall des positiven Stickstoffkerns in Wasserstoff- und Heliumkerne berichtet. Diese überaus fruchtbare physikalische Entdeckung darf den alten Substanzbegriff voraussetzen, weil dieser sich mit hinreichender Näherung für die Beschreibung der Wirklichkeit eignet, und Rutherfords Arbeiten schließen nicht aus, daß man sich den inneren Aufbau der Elektronen im Einsteinschen Sinne denkt. Diese Fortdauer alter Begriffe für die wissenschaftliche Praxis dürfen wir einem bekannten Fall der Astronomie vergleichen: Obwohl man seit Kopernikus weiß, daß die Erde nicht im Mittelpunkt des kugelförmig und rotierend gedachten Himmelsgewölbes steht, dient diese Auffassung heute noch als Grundlage der astronomischen Meßtechnik.

**) Allerdings nur als eine grobe Analogie. Denn man pflegt sonst umgekehrt den „scheinbaren" Lauf einer Wasserwelle auf die „wirkliche" Hin- und Herbewegung der Wasserteilchen zurückzuführen. Einzelne Teilchen als Träger des Feldzustandes gibt es aber nicht. Vgl. für diese Auffassung der Materie auch die in diesem Punkt erkenntnislogisch sehr tiefgehenden Ausführungen bei Weyl, Anmerkung 21, S. 162.

allgemeiner Raum-Zeit-Funktionen in diesem Gebiet. Wie ein Differentialgebiet einer analytischen Funktion im komplexen Bereich den Verlauf der Funktion für den ganzen unendlichen Bereich charakterisiert, so charakterisiert auch jedes Teilgebiet das gesamte Feld, und man kann seine metrischen Bestimmungen nicht angeben, ohne zugleich das gesamte Feld mit zu beschreiben. So löst sich das Einzelding in den Begriff des Feldes auf, und mit ihm verschwinden die Kräfte zwischen den Dingen; an Stelle der Physik der Kräfte und Dinge tritt die Physik der Feldzustände.

Wir geben diese Schilderung des Gegenstandsbegriffs der Relativitätstheorie — die keineswegs den Anspruch macht, den erkenntnislogischen Gehalt dieser Theorie zu erschöpfen — um die Bedeutung konstitutiver Prinzipien zu zeigen. Im Gegensatz zu den Einzelgesetzen sagen sie nicht, was im einzelnen Fall erkannt wird, sondern wie erkannt wird, sie definieren das Erkennbare, sie sagen, was Erkenntnis ihrem logischen Sinne nach bedeutet. Insofern sind sie die Antwort auf die kritische Frage: wie ist Erkenntnis möglich? Denn indem sie definieren, was Erkenntnis ist, zeigen sie die Ordnungsregeln, nach denen sich der Erkenntnisvorgang vollzieht, und nennen die Bedingungen, deren logische Befolgung zu Erkenntnissen führt; in diesem logischen Sinne ist das „möglich" jener Frage zu verstehen. Und wir begreifen, daß die heutigen Bedingungen der Erkenntnis nicht mehr dieselben sein können wie bei Kant: weil sich der Begriff der Erkenntnis geändert hat, und der veränderte Gegenstand der physikalischen Erkenntnis auch andere logische Bedingungen voraussetzt. Diese Änderung konnte nur in Berührung mit der Erfahrung erfolgen, und daher sind auch die Prinzipien der Erkenntnis durch die

Erfahrung bestimmt. Aber ihre Geltung beruht nicht nur auf dem Urteil einzelner Erfahrungen, sondern auf der Möglichkeit des ganzen Systems der Erkenntnis: das ist der Sinn des Apriori. Daß wir die Wirklichkeit durch metrische Relationen zwischen vier Koordinaten beschreiben können, ist so gewiss wie die Geltung der gesamten Physik; nur die spezielle Gestalt dieser Regeln ist zu einem Problem der empirischen Physik geworden. Dieses Prinzip bildet die Basis für die begriffliche Auffassung der physikalischen Wirklichkeit. Jede bisherige physikalische Erfahrung, die überhaupt gemacht wurde, hat das Prinzip bestätigt. Aber das schließt nicht aus, daß sich eines Tags Erfahrungen einstellen, die wieder zu einer stetigen Erweiterung zwingen — dann wird die Physik abermals ihren Gegenstandsbegriff ändern müssen, und der Erkenntnis neue Prinzipien voranstellen. Apriori bedeutet: vor der Erkenntnis, aber nicht: für alle Zeit, und nicht: unabhängig von der Erfahrung.

* * *

Wir wollen diese Untersuchung nicht beschließen, ohne dasjenige Problem gestreift zu haben, das gewöhnlich in den Brennpunkt der Relativitätsdiskussion gestellt wird: die Vorstellbarkeit des Riemannschen Raums. Wir müssen allerdings betonen, daß die Frage der Evidenz apriorer Prinzipien in die Psychologie gehört, und es ist sicherlich ein psychologisches Problem, weshalb der euklidische Raum jene eigentümliche Evidenz besitzt, die zu einer anschaulichen Selbstverständlichkeit seiner sämtlichen Axiome führt. Mit dem Schlagwort „Gewöhnung" läßt sich dies nicht abtun, denn es handelt sich hier gar nicht um ausgefahrene Assoziationsketten, sondern um eine ganz besonuere psychische Funktion, und gerade weil der Sehraum Verhältnisse aufweist, die von den euklidischen abweichen, ist jene Evidenz um so merkwürdiger, die uns etwa die Gerade als kürzeste Verbindung zweier Punkte erkennen läßt. Dieses psychologische Phänomen ist noch vollkommen unerklärt.

Aber wir können, ausgehend von dem entwickelten Erkenntnisbegriff, einige grundsätzliche Bemerkungen zu dem Problem machen. Wir konnten nachweisen, daß nach diesem Erkenntnisbegriff der Metrik eine ganz andere Funktion zukommt als bisher, daß sie nicht Abbilder der Körper liefert im Sinne einer geometrischen Ähnlichkeit, sondern der Ausdruck ihres physikalischen Zustands ist. Es scheint mir psychologisch einleuchtend zu sein, daß wir für diesen viel tiefergehenden Zweck die in uns liegenden geometrischen Bilder nicht verwenden können. Was uns an die euklidische Geometrie so fesselt, und sie so zwingend erscheinen läßt, ist die Vorstellung, daß wir mit dieser Geometrie zu Bildern der wirklichen Dinge kommen können. Wenn es aber klar geworden ist, daß Erkenntnis etwas völlig anderes ist, als die Herstellung solcher Bilder, daß die metrische Relation einen ganz anderen Sinn hat, als die Abbildung in ähnliche Figuren, dann werden wir auch nicht mehr den Versuch machen, die euklidische Geometrie auf die Wirklichkeit als notwendige Form anzuwenden.

Als im 15. Jahrhundert die Ansicht sich durchsetzte, daß die Erde eine Kugel sei, stieß sie zuerst auf großen Widerspruch, und gewiß ist ihr der Einwand gemacht worden: es ist anschaulich unvorstellbar. Auch brauchte man sich ja nur in der räumlichen Umgebung umzusehen, um festzustellen, daß die Erde keine Kugel sei. Später hat man diesen Einwand aufgegeben, und heute ist es jedem Schulkind selbstverständlich, daß die Erde eine Kugel ist. Dabei war der Einwand in Wahrheit vollkommen richtig. Es ist auch gar nicht vorstellbar, daß die Erde eine Kugel ist. Wenn wir den Versuch machen, diese Vorstellung zu vollziehen, so denken wir uns sogleich eine kleine Kugel, und darauf, mit den Füßen an der Oberfläche, mit dem Kopf hinausragend, einen Menschen. Aber in den Dimensionen der Erde können wir diese Vorstellung gar nicht vollziehen; jene Merkwürdigkeit, daß die Kugel gleichzeitig für Gebiete unserer Sehweite einer Ebene gleichwertig ist, die doch erst die sämtlichen beobachteten Erscheinungen auf der Erde erklärt, können wir nicht vorstellen. Eine Kugel von der geringen Krümmung der Erdoberfläche liegt außerhalb unserer Vorstellungsmöglichkeit. Wir können diese Kugel nur durch eine Reihe sehr kümmerlicher Analogien irgendwie begreiflich machen. Wenn wir jetzt behaupten, wir könnten die Erde als Kugel vorstellen, so heißt das in Wahrheit: wir haben uns daran gewöhnt, auf die anschauliche Vorstellbarkeit zu verzichten, und uns mit einer Reihe von Analogien zu begnügen.

Genau so, glaube ich, steht es mit dem Riemannschen Raum. Es wird von der Relativitätstheorie gar nicht behauptet, daß das, was früher das geometrische Bild der Dinge war, nun plötzlich im Riemannschen Sinne krumm ist. Vielmehr wird behauptet, daß es ein solches Abbild nicht gibt, und daß mit den Relationen der Metrik etwas ganz anderes ausgedrückt wird, als eine Wiederholung des Gegenstandes. Daß für die Charakterisierung eines physikalischen Zustandes die in uns liegenden geometrischen Bilder nicht ausreichen, erscheint eigentlich selbstverständlich. Wir brauchen uns nur daran zu gewöhnen, nicht daß die Bilder falsch seien, aber daß sie auf die wirklichen Dinge nicht angewandt werden können — dann haben wir das gleiche vollzogen, wie bei der sogenannten Vorstellbarkeit der Erdkugel, nämlich auf die anschauliche Vorstellbarkeit endgültig verzichtet. Dann werden wir uns mit Analogien begnügen, wie der sehr schönen Analogie von dem zweidimensional denkenden Wesen auf der Kugelfläche, und glauben, daß sie die Physik vorstellbar machen.

Es muß Aufgabe der Psychologie bleiben, zu erklären, warum wir die Bilder und Analogien für die Erkenntnis so nötig haben, daß wir ohne sie das begriffliche Erfassen gar nicht vollziehen können. Aufgabe der Erkenntnistheorie ist es, zu erklären, worin die Erkenntnis besteht; daß wir dies durch eine Analyse der positiven Erkenntnisse tun müssen, ohne Rücksicht auf die Bilder und Analogien, glaubt die vorliegende Untersuchung aufgezeigt zu haben.

Literarische Anmerkungen.

[1]) S. 3. Poincaré hat diese Ansicht vertreten. Vgl. Wissenschaft und Hypothese, Teubner 1906, S. 49—52. Es ist bezeichnend, daß er für seine Äquivalenzbeweise die Riemannsche Geometrie von vornherein ausschließt, weil sie die Verschiebung eines Körpers ohne Formänderung nicht gestattet. Hätte er geahnt, daß gerade diese Geometrie von der Physik einmal aufgegriffen würde, so hätte er die Willkürlichkeit der Geometrie nicht behaupten können.

[2]) S. 4. Ich hatte es nicht für nötig gehalten, auf die gelegentlich auftauchenden Ansichten, daß die Einsteinsche Raumlehre sich mit der Kantischen vereinen ließe, näher einzugehen; denn unabhängig davon, ob man Kant oder Einstein recht gibt, läßt sich der Widerspruch ihrer Lehren deutlich feststellen; aber ich finde zu meiner großen Verwunderung, daß auch heute noch aus den Kreisen der Kantgesellschaft die Behauptung aufgestellt wird, die Relativitätstheorie ließe die Kantische Raumlehre völlig unberührt. E. Sellien schreibt in „Die erkenntnistheoretische Bedeutung der Relativitätstheorie", Kantstudien, Ergänzungsheft 48, 1919: „Da die Geometrie sich ihrer Natur nach auf die „reine" Anschauung des Raums bezieht, so kann die Erfahrung sie überhaupt nicht beeinflussen. Umgekehrt, die Erfahrung wird erst möglich durch die Geometrie. Damit aber wird der Relativitätstheorie die Berechtigung genommen zu behaupten, die „wahre" Geometrie ist die nichteuklidische. Sie darf höchstens sagen: Die Naturgesetze können bequem in sehr allgemeiner Form ausgesprochen werden, wenn wir nichteuklidische Maßbestimmungen zugrunde legen." Leider übersieht Sellien nur eines: wenn der Raum nichteuklidisch im Einsteinschen Sinne ist, dann ist es durch keine Koordinatentransformation möglich, ihn euklidisch darzustellen. Der Übergang zur euklidischen Geometrie würde den Übergang zu einer andern Physik bedeuten, die physikalischen Gesetze würden dann materiell anders lauten, und eine Physik kann nur richtig sein. Es gibt hier also nur ein entweder - oder, und man

versteht nicht, warum Sellien nicht die Relativitätstheorie als falsch bezeichnet, wenn er doch an Kant festhält. Befremdend erscheint auch die Ansicht, daß die Relativitätstheorie aus Bequemlichkeitsgründen von den Physikern erfunden worden sei; ich finde, daß die alte Newtonsche Theorie viel bequemer war. Wenn Sellien aber weiterhin behauptet, der Einsteinsche Raum sei ein anderer als der von Kant gemeinte, so stellt er sich damit in Widerspruch zu Kant. Freilich läßt es sich durch keine Erfahrung beweisen, daß ein Raum, den ich mir als bloß fingiertes Gebilde euklidisch vorstelle, nichteuklidisch sei. Aber Kants Raum ist gerade wie Einsteins Raum derjenige, in dem die Dinge der Erfahrung, das sind die Gegenstände der Physik, lokalisiert werden. Darin liegt die erkenntnistheoretische Bedeutung der Kantischen Lehre, und ihre Unterscheidung von metaphysischer Spekulation über anschauliche Hirngespinste.

[3]) S. 4. Es liegt bisher keine Darstellung der Relativitätstheorie vor, in der diese Zusammenhänge mit hinreichender Schärfe formuliert sind; denn allen bisherigen Darstellungen kommt es mehr darauf an, zu überzeugen, als zu axiomatisieren. Am nächsten kommt diesem Ziel, in einer glücklichen Verbindung von Systematik des Aufbaus und Anschaulichkeit der Prinzipien, die Darstellung von Erwin Freundlich (Die Grundlagen der Einsteinschen Gravitationstheorie, Verlag von Julius Springer 1920, 4. Aufl.). In dieser Schrift wird mit großer Klarheit die Unterscheidung von prinzipiellen Forderungen und speziellen Erfahrungen durchgeführt. Es kann deshalb für die physikalische Begründung der Abschnitte II und III dieser Untersuchung auf die Schrift Freundlichs, besonders auch auf die Anmerkungen darin, hingewiesen werden.

Als eine gute Veranschaulichung des physikalischen Inhalts der Theorie sei auch die Schrift von Moritz Schlick, Raum und Zeit in der gegenwärtigen Physik, 3. Aufl., Verlag von Julius Springer 1920, genannt.

[4]) S. 6. Vgl. zu dieser Auffassung des Apriori-Begriffes Anmerkung 17.

[5]) S. 9. A. Einstein, Zur Elektrodynamik bewegter Körper, Ann. d. Phys. 17, 1905, S. 891.

[6]) S. 13. Wir müssen diesen Einwand auch der Natorpschen Deutung der speziellen Relativitätstheorie machen, die er in den „Logischen Grundlagen der exakten Wissenschaften", Teubner 1910, S. 402, gibt. Er hat nicht bemerkt, daß die Relativitätstheorie die Lichtgeschwindigkeit als prinzipielle Grenze festsetzt, und glaubt, daß sie diese Geschwindigkeit

nur als vorläufig erreichbaren Höchstwert ansieht. Darum kann auch Natorps Versuch, die absolute Zeit zu retten und die Widersprüche auf die Unmöglichkeit ihrer „empirischen Erfüllung" zu schieben, nicht als gelungen betrachtet werden.

[7]) S. 21. A. Einstein, Die Grundlage der allgemeinen Relativitätstheorie. Ann. d. Phys. 1916, S. 777.

[8]) S. 24. Einstein, a. a. O. S. 774. Vgl. auch die sehr geschickte Darstellung dieses Beispiels bei Bloch, Einführung in die Relativitätstheorie. Teubner 1918, S. 95.

[9]) S. 33. David Hilbert, Grundlagen der Geometrie. Teubner 1913, S. 5.

[10]) S. 33. Moritz Schlick, Allgemeine Erkenntnislehre. Springer 1918, S. 30.

[11]) S. 41. Schlick, a. a. O. S. 55.

[12]) S. 50. Kant, Kritik der reinen Vernunft. 2. Aufl. § 14, S. 126 der Originalausgabe.

[13]) S. 50. Eine Begründung dieses Prinzips geben meine in Anmerkung 20 genannten Arbeiten.

[14]) S. 51. Dieses Prinzip ist von Kurt Lewin analysiert worden. Vgl. seine in Anmerkung 20 genannten Arbeiten.

[15]) S. 51. Eine gute Übersicht über die Entwicklung der physikalischen Verknüpfungsaxiome gibt Haas, Naturwissenschaften 7, 1919, S. 744. Freilich glaubt Haas, hier sämtliche Axiome der Physik vor sich zu haben, da er die Notwendigkeit physikalischer Zuordnungsaxiome nicht sieht.

[16]) S. 53. Kritik der reinen Vernunft. 2. Aufl. S. 43. Es ist nicht recht einzusehen, warum Kant glaubt, daß diese anderen Wesen nur in der Anschauung von uns differieren können und nicht auch in den Kategorien. Seine Theorie würde auch durch diese Möglichkeit nicht gestört.

[17]) S. 54. Man wird mir vielleicht den Einwand machen, daß Kant niemals das Wort Evidenz zur Charakterisierung apriorer Prinzipien benutzt hat. Es läßt sich aber leicht zeigen, daß die von Kant behauptete Einsicht in die notwendige Geltung apriorer Sätze nichts anderes ist, als was wir hier und oben als Evidenz bezeichnet haben. Ich gebe zu, daß das Verfahren Kants, von der Existenz evidenter apriorer Sätze als einem Faktum auszugehen und nur ihre Stellung im Erkenntnisbegriff zu analysieren, von manchen Neukantianern aufgegeben worden ist — wenn mir auch scheint, daß damit ein tiefes Prinzip der Kanti-

schen Lehre verloren ging, an dessen Stelle bisher kein besseres gesetzt wurde — aber ich will mich in dieser Untersuchung allein auf eine Auseinandersetzung mit der Lehre Kants in ihrer ursprünglichen Form beschränken. Denn ich glaube, daß diese Lehre in bisher unerreichter Höhe über aller andern Philosophie steht, und daß nur sie selbst in ihrem exakt ausgeführten System der Einsteinschen Lehre äquivalent in dem Sinne ist, daß eine Diskussion fruchtbar wird. Zur Begründung meiner Auffassung von Kants Aprioritätsbegriff nenne ich folgende Stellen aus der Kritik der reinen Vernunft (2. Aufl., Seiten nach der Originalausgabe): „Es kommt hier auf ein Merkmal an, woran wir sicher ein reines Erkenntnis von empirischen unterscheiden können. Erfahrung lehrt uns zwar, daß etwas so oder so beschaffen sei, aber nicht, daß es nicht anders sein könne. Findet sich also erstlich ein Satz, der zugleich mit seiner Notwendigkeit gedacht wird, so ist er ein Urteil apriori (S. 3). Wo dagegen strenge Allgemeingültigkeit zu einem Urteile wesentlich gehört, da zeigt diese auf einen besonderen Erkenntnisquell desselben, nämlich ein Vermögen des Erkenntnisses apriori (S. 4). Daß es nun dergleichen notwendige und im strengsten Sinne allgemeine, mithin reine Urteile apriori im menschlichen Erkenntnis wirklich gebe, ist leicht zu zeigen. Will man ein Beispiel aus Wissenschaften, so darf man nur auf alle Sätze der Mathematik hinaussehen; will man ein solches aus dem gemeinsten Verstandesgebrauche, so kann der Satz, daß alle Veränderung eine Ursache haben müsse, dazu dienen; ja in dem letzteren enthält selbst der Begriff einer Ursache so offenbar den Begriff einer Notwendigkeit der Verknüpfung mit einer Wirkung und einer strengen Allgemeinheit der Regel, daß er gänzlich verloren gehen würde, wenn man ihn . . . von einer Gewohnheit, Vorstellungen zu verknüpfen, ableiten wollte" (S. 4—5).

„Naturwissenschaft enthält synthetische Urteile apriori als Prinzipien in sich. Ich will nur ein paar Sätze zum Beispiel anführen, als den Satz, daß in allen Veränderungen der körperlichen Welt die Quantität der Materie unverändert bleibe, oder daß in aller Mitteilung der Bewegung Wirkung und Gegenwirkung jederzeit einander gleich sein müssen. An beiden ist nicht allein die Notwendigkeit, mithin ihr Ursprung apriori, sondern auch daß sie synthetische Sätze sind, klar" (S. 17).

Und von der reinen Mathematik und der reinen Naturwissenschaft, dem Inbegriff der aprioren Sätze dieser Wissenschaften, heißt es: „Von diesen Wissenschaften, da sie wirklich gegeben sind, läßt sich nun wohl geziemend fragen, wie sie möglich sind, denn daß sie möglich sein müssen, wird durch ihre Wirklichkeit bewiesen" (S. 20). Und Prolegomena, S. 275 und 276 der Akademieausgabe: „Es trifft sich aber glücklicherweise, ... daß gewisse reine synthetische Erkenntnis apriori wirklich und gegeben sei, nämlich reine Mathematik und reine Naturwissenschaft; denn beide enthalten Sätze, die teils apodiktisch gewiß durch bloße Vernunft, teils durch die allgemeine Einstimmung aus der Erfahrung, und dennoch als von Erfahrung unabhängig durchgängig anerkannt werden. ..... Wir dürfen aber die Möglichkeit solcher Sätze hier nicht zuerst suchen, d. i. fragen, ob sie möglich seien. Denn es sind deren genug, und zwar mit unstreitiger Gewißheit, wirklich gegeben."

Für die zweite Bedeutung des Apriori-Begriffes, die wohl nicht bestritten werden wird, brauche ich keine Zitate anzuführen. Ich verweise dafür vor allem auf die transzendentale Deduktion in der Kritik der reinen Vernunft.

[18]) S. 64. Für eine genaue Begründung dieser wahrscheinlichkeitstheoretischen Hypothese muß auf die in Anmerkung 20 genannten Arbeiten des Verfassers hingewiesen werden.

[19]) S. 68. Kritik der Urteilskraft. Einleitung, Abschnitt V.

[20]) S. 72. Reichenbach, Der Begriff der Wahrscheinlichkeit für die mathematische Darstellung der Wirklichkeit. Dissertation Erlangen 1915 und Zeitschrift für Philosophie und philosophische Kritik, Bd. 161, Barth 1917. — Die physikalischen Voraussetzungen der Wahrscheinlichkeitsrechnung, Naturwiss. 8, 3, S. 46—55. — Philosophische Kritik der Wahrscheinlichkeitsrechnung, Naturwiss. 8, 8, S. 146—153, Springer 1920. — Über die physikalischen Voraussetzungen der Wahrscheinlichkeitsrechnung. Zeitschrift für Physik 1920, Bd. 2, Heft 2, S. 150—171.

Die gleiche Arbeitsrichtung verfolgen die wissenschaftstheoretischen Arbeiten von Kurt Lewin: Die Verwandtschaftsbegriffe in Biologie und Physik und die Darstellung vollständiger Stammbäume, Bornträger, Berlin 1920, und: Der Ordnungstypus der genetischen Reihen in Physik, organismischer Biologie und Entwicklungsgeschichte, Bornträger, Berlin 1920.

Über die erkenntnistheoretische Bedeutung der Relativitätstheorie liegt neuerdings eine Arbeit von Ernst Cassirer vor (Zur Einsteinschen Relativitätstheorie, erkenntnistheoretische Betrachtungen. Berlin 1920, B. Cassirer), in der zum ersten Male von einem hervorragenden Vertreter der neukantischen Richtung eine Auseinandersetzung mit der allgemeinen Relativitätstheorie versucht wird. Die Arbeit will für die Diskussion zwischen Physikern und Philosophen eine Grundlage geben. In der Tat erscheint von neukantischer Seite niemand zur Einleitung der Diskussion berufener als Cassirer, dessen kritische Auflösung physikalischer Begriffe von jeher eine Richtung einschlug, die der Relativitätstheorie nicht fremd ist. Besonders gilt das für den Substanzbegriff. (Vgl. E. Cassirer, Substanzbegriff und Funktionsbegriff, Berlin 1910, B. Cassirer). Leider war es mir nicht möglich, auf Cassirers Arbeit einzugehen, da ich sie erst nach Drucklegung meiner Schrift lesen konnte.

[21]) S. 73. Hermann Weyl, Raum-Zeit-Materie. Verlag von Julius Springer 1918, S. 227. Arthur Haas, Die Physik als geometrische Notwendigkeit. Naturwiss. 8, 7, S. 121—140. Springer 1920.

[22]) S. 73. Hermann Weyl, Gravitation und Elektrizität. Sitz.-Ber. der Berliner Akademie. 1918, S. 465—480.

[23]) S. 75. Vgl. z. B. Kritik der reinen Vernunft. 2. Aufl. S. 228. „Ein Philosoph wurde gefragt: Wieviel wiegt der Rauch? Er antwortete: Ziehe von dem Gewichte des verbrannten Holzes das Gewicht der übrig bleibenden Asche ab, so hast du das Gewicht des Rauches. Er setzte also als unwidersprechlich voraus, daß selbst im Feuer die Materie (Substanz) nicht vergehe, sondern nur dic Form derselben eine Abänderung erleide." Dieses Beispiel ist zwar chemisch falsch, zeigt aber deutlich, wie konkret sich Kant die Substanz als wägbare Materie vorstellt.

[24]) S. 78. In diesem Sinne muß ich die in meinen früheren Arbeiten (vgl. Anm. 20) aufgestellte Behauptung, daß dieses Prinzip durch Erfahrungen nicht widerlegt werden könne, jetzt berichtigen. Eine Widerlegung in dem Sinne einer begrifflichen Verallgemeinerung ist nach dem Verfahren der stetigen Erweiterung allerdings möglich; aber natürlich hat eine so primitive Prüfung keinen Sinn, wie sie durch Auszählen einfacher Wahrscheinlichkeitsverteilungen gelegentlich versucht wird.

[25]) S. 79. Vgl. hierzu meine in Anmerkung 20 genannte erste Arbeit, S. 229.

[26]) S. 80. Vgl. die in Anmerkung 10 genannte Arbeit, S. 323.

[27]) S. 82. Es ist auffallend, daß Schlick, der den Begriff der eindeutigen Zuordnung in den Mittelpunkt seiner Untersuchungen stellt und um den Nachweis der Bedeutung dieses Begriffs ein großes Verdienst hat, die Möglichkeit einer solchen Verallgemeinerung gar nicht gesehen hat. Ihm ist es selbstverständlich, daß die Zuordnung eindeutig sein muß; er hält es für eine notwendige menschliche Veranlagung, auf diese Weise zu erkennen, und meint, daß die Erkenntnis vor einem non possumus

stände, wenn sie einmal mit der eindeutigen Zuordnung nicht mehr weiter käme (Anmerkung 10, S. 344). Aber etwas anderes hatte Kant auch nicht behauptet, als er seine Kategorien aufstellte. Es ist bezeichnend für Schlicks psychologisierende Methode, daß er den richtigen Teil der Kantischen Lehre, nämlich die konstitutive Bedeutung der Zuordnungsprinzipien, mit vielen Beweisen zu widerlegen glaubt und den fehlerhaften Teil übernimmt, ohne es zu bemerken; die Charakterisierung der Erkenntnis als eindeutige Zuordnung ist Schlicks Analyse der Vernunft, und die Eindeutigkeit sein synthetisches Urteil apriori.

[28]) S. 91. Helge Holst, Die kausale Relativitätsforderung und Einsteins Relativitätstheorie, Det Kgl. Danske Vidensk. Selskab Math.-fys. Medd. II, 11, Kopenhagen 1919.

Druck der Universitätsdruckerei H. Stürtz A. G., Würzburg.